JN429334

수학학습심리학

수학학습의 인지적 · 정의적 · 상황적 관점

The Psychology of Learning Mathematics:
The cognitive, affective and contextual domains of mathematics education

폴 어니스트 지음
박성선 옮김

불법복사는 지적재산을 훔치는 범죄행위입니다.
저작권법 제136조(권리의 침해죄)에 따라 위반자는 5년 이하의 징역 또는 5천만원 이하의 벌금에 처하거나 이를 병과할 수 있습니다.

KM 경문사

역자 서문

수학학습심리학은 수학 교수·학습과 관련된 여러 연구 분야들 중에서 가장 광범위하게 연구되고 있으며, 매년 수많은 연구물들이 논문으로 발표되거나 책으로 출판되고 있다. 특히 수학학습심리학은 수학 수업방법과 밀접한 관련이 있다는 점에서 그 중요성이 크다고 할 수 있다. 수학 교수·학습에 관한 심리학은 크게 두 가지 측면에서 논의될 수 있을 것이다. 하나는 수학을 배우는 학생의 측면인데, 여기서는 학생들이 수학적 개념이나 원리를 어떻게 이해하는지를 고찰하는 것이다. 다른 하나는 수학을 가르치는 교사의 측면으로 학생들에게 수학을 어떻게 가르칠 것인지에 관한 것이다. 따라서 수학 교수·학습의 심리학을 논의하기 위해서는 이 두 가지를 모두 고려해야 할 것이다.

본 역자는 대학원에 입학하여 본격적으로 수학교육을 공부하면서 수학교육의 심리학적 측면에 주로 관심을 갖게 되었다. 이러한 관심에 따라 심리학과 관련된 책들, 특히 인지심리학 분야의 책들을 다양하게 읽었고 지도교수님 및 다른 대학원들과의 세미나에도 참여하였다. 이때 공부했던 책들은 앤더슨(J. Anderson), 하워드(D. Howard), 마이어(R. Mayer), 가네(R. Gagné) 등의 저서로 인지심리학의 고전이라고 할 수 있다.

이러한 인지심리학 분야를 바탕으로 수학교육의 심리학적 관점에 본격적으로 관심을 갖게 되었고, 이때 처음으로 접한 책이 바로 레스닉(L. Resnick)과 포드(W. Ford)가 쓴 《The Psychology of Mathematics for Instruction(1981)》이었다. 이 책은 그동안 수학교육에서 논의되었던 심리학적 관점들을 전반적으로 소개한 책이다. 이 책 이외에도 수학교육의 심리학적 측면을 고찰한 저서들이 많이 있었지만, 수학교육의 심리학적 측면을 여러 관점에서 전반적으로 소개한 저서는 별로 없었던 것 같다.

이후 대학에서 수학교육심리학을 강의하면서 수학교육에서 논의되고 있는 심리학적 관점을 전반적으로 다룬 새로운 책이 나오길 바라던 차에 폴 어니스트(Paul Ernest)의 《The Psychology of Learning Mathematics: The cognitive, affective and contextual domains of mathematics education》을 접할 수 있었다. 수학교육의 심리학적 측면을 종합적으로 다룬 레스닉과 포드의 책을 공부한 이후 오랜만에 나온 책이었기 때문에 매우 반가웠고 번역할 만한 가치가 있다고 생각하였다.

이 책은 수학교육의 심리학을 인지적 측면, 정의적 측면, 상황적 측면에서 논의하고 있다. 또한 이 책에는 레스닉과 포드의 저서에서 다루지 않았던 내용들이 포함되어 있다. 첫째, 최근까지도 수학교육 분야에서 논의되고 있는 구성주의적 관점을 다루고 있다. 둘째, 수학교육의 정의적 측면을 고찰하고 있다. 셋째, 수학학습의 사회적 맥락(상황)을 다루고 있다. 이 책이 수학교육심리학에 관하여 주로 기술하고 있지만, 폴 어니스트가 사회적 구성주의자이기도 하고 수학교육의 철학 분야에서 탁월한 업적을 많이 남긴 인물이기 때문에 내용 중 곳곳에 철학적 관점들이 소개되어 있다. 어니스트의 사회적 구성주의 철학은 비트겐슈타인(Wittgenstein)과 라카토스(Lakatos)의 오류가능주의에 바탕을 두고 있다. 이 사회적 구성주의 철학에서는 수학적 이론과 수학적 대상은 인간에 의하여 창출되는 문화적 산물이기 때문에 수정 가능하며 본질적으로는 틀릴 가능성을 포함하고 있다고 주장한다. 어니스트의 수학학습심리학을 읽기 전에, 《Social Constructivism as a Philosophy of Mathematics(1998)》와 《The Philosophy of Mathematics Education (1991)》을 읽어보기를 권한다.

이 책을 번역하면서 새삼 많은 것이 부족하다는 것을 깨닫게 되었다. 특히 이 책이 수학학습에 관한 심리학적 고찰인 데도 많은 내용들이 철학과 연결되어 있기 때문에 어려운 점이 많았으며, 이 분야에 대한 공부가 더 필요하다는 생각을 하게 되었다. 이 책을 통하여 수학교육을 공부하는 대학생 및 대학원생 그리고 현직교사들이 수학 교수·학습에서 심리학적 요소들이 어떻게 고려되고 있는지를 전반적으로 이해하는 데 도움이 될 것으로 기대한다. 아울러 이를 바탕으로 수학 교수·학습의 실제를 개선하는 데 도움이 되기를 바란다.

이 책을 번역하고 교정하는 과정에 도움을 준 춘천교육대학교 손경훈, 허지열, 최나희, 오혜진 선생님에게 감사드리며, 원고를 꼼꼼히 읽고 교정해준 경문사 편집부 여러분에게 감사드린다.

2018년

역자 박성선

저자 서문

이 책에서는 수학 교수·학습에 관한 심리학적 이론 및 관련 연구들에 대해서 살펴볼 것이다. 이 책의 집필 목적은 다음과 같다. 수학 교수·학습과 관련된 최근의 심리학적 연구와 이론들을 소개하고, 이를 통하여 학생들이 수학을 어떻게 이해하는지, 수학적 지식을 어떻게 평가할 것인지, 수학 교수·학습 방법 및 수학교육과정을 어떻게 개발할 것인지에 대한 전반적인 시사점을 제공하고자 한다.

이 책에서는 수학학습심리학에 관한 최근의 연구 동향, 문헌을 전반적으로 소개할 것이다. 2장에서는 학교에서 이루어지는 수학학습의 목적과 목표를 수학적 사실, 기능, 개념구조, 일반전략, 수학적 가치 인식으로 구분하여 논의할 것이다(Bell et al., 1983). 3장에서는 수학적 사실과 기능의 학습에 대해서 살펴볼 것이며, 4장에서는 학생들의 수학적 오류와 계산방법에 대해서 논의할 것이다. 5장과 6장의 주제는 이해, 개념구조, 수학적 의미의 형성에 관한 것으로서, 5장에서는 수학적 개념과 개념 구조의 학습에 대해서, 6장에서는 이론적 측면과 실제적 측면에서 구성주의 학습이론에 대해서 논의할 것이다. 7장에서는 수학적 문제해결 과정과 관련된 수학적 과정과 전략을 다룰 것이다. 8장에서는 수학 교수·학습의 정의적 측면에 대해서 논의할 것이다.

특히 1장과 마지막 9장, 10장에서는 매우 중요한 주제를 다룬다. 첫 번째 주제는 수학교육연구방법론에 관한 것으로, 1장에서 소개할 것이다. 여기서는 교육 연구 및 사회과학 연구뿐만 아니라 수학교육 연구에 적용되고 있는 두 가지 유형의 연구방법에 대해서 살펴볼 것이다. 즉, 수학교육에 관한 연구를 과학적 연구와 해석적 연구의 두 가지 유형으로 구분하여 장단점을 논의할 것이다.

두 번째 주제는 수학 교수·학습의 맥락에 관한 것으로 이 책의 마지막 두 장에서 다룬다. 여기서는 수학 교수·학습의 사회적 맥락의 관점에서 수학적 아이디어와 과제에 대한 외적 표상과 내적 표상, 그리고 그 둘 사이의 관계에 대해서 살펴볼 것이다. 9장에서는 최근에 수학교육심리학에서 중요성이 강조되고 있는 수학학습의 맥락 및 상황에 대해서 살펴볼 것이다. 10장에서는 수학적 지식과 맥락에 관한 이슈들, 맥락 간의 전이에 관한 이슈들을 이론적인 측면에서 살펴볼 것이다.

이 책이 수학학습에 관한 심리학적 측면을 모두 다루고 있다고 할 수는 없을 것이다. 다만 수학학습심리학과 관련하여 핵심적인 주제들을 전반적으로 소개하고 있을 뿐이다. 또한 이 책에서 다루지 못한 심리학적 주제들이 더 많이 있을 것이다. 관심 있는 독자들은 다른 책이나 논문들을 참고하기 바란다. 이 책에서 다루지 못했거나 간략하게 소개한 주제들은 다음과 같은 것들이다.

첫 번째 주제는 특정한 수학 주제들의 학습에 관한 심리학에 대한 구체적인 연구에 관한 것이다. 지난 20년에 걸쳐서 이와 같은 연구들의 중요성이 점점 커지고 있다. 예를 들어, 이러한 연구로는 APU(1986), Bell et al.(1983), Biehler et al.(1994), Bishop(1996), Dessart & Suydam(1983), Dickson et al.(1984), Ernest(1996), Grouws (1992), Hart(1981), Jensen(1993), Owens(1993), Wilson(1993) 등이 있다. 이와 더불어 수, 대수, 기하, 고등수학사고의 학습에 관한 심리학과 같이 수학 주제들을 좀 더 세분화하여 다룬 모노그라프(단행본 형태의 논문)들도 있다(예를 들어, Wagner & Kieran, 1989).

두 번째 주제는 교수·학습 양식, 두뇌 및 뇌 과학과 관련된 연구이다. 좌뇌, 우뇌의 서로 다른 기능과 그와 관련된 사고 양식 및 남녀의 차이에 대한 심리학적 연구들이 활발하게 이루어지고 있기 때문에, 이 주제에 대해서는 좀 더 포괄적인 논의가 있어야 할 것으로 보인다.

세 번째 주제는 언어와 수학에 관한 연구이다. 특히 난독증, 난산증(계산능력과 관련한 수학 학습장애의 한 형태), 수학학습 부진 및 장애와 관련된 주제이다.

네 번째 주제는 이전에는 수학학습심리학에서 중요하게 다루어졌지만 최근에는 다소 관심이 적어진 것으로 Piaget 이론, 학습 위계론, 수학적 능력에 관한 이론이다. Brown & Desforges(1979), Ernest(1991a), Ernest(1996), Walkerdine(1984) 등의 연구가 이 분야에 해당한다.

다섯째 주제는 수학교육과정 및 수학평가의 개발에 있어서 심리학의 적용에 관한 것이다. 이 분야는 수학학습심리학의 하위 영역이기보다는 수학학습심리학을 적용하는 영역으로서 수학교육과 관련된 연구, 정책, 실행에서 매우 중요하다.

여섯째 주제는 컴퓨터, 계산기, 또는 정보처리 테크놀로지가 수학 교수·학습에 미치는 영향에 관한 것이다. 이 분야와 관련해서는 여러 심리학적 연구들이 있지만, 이 책에서는 거의 다루지 못하였다. 예를 들어, Biehler et al.(1994), Ernest(1989), Ernest(1996), Hoyles & Noss(1992), Hoyles & Sutherland(1989), Jensen(1993), Lindquist(1988), Noss(1988), Papert(1980), Wilson(1993)의 연구들이 이 분야에 해당한다.

차례

Chapter 1

수학교육연구의 유형

최근 수학교육에 관한 연구의 유형이 과학적 접근 방식으로부터 해석적 접근 방식으로 바뀌고 있다. 과학적 연구는 측정 가능한 연구 결과와 일반화 가능한 연구 결과에 초점을 두는 반면에, 해석적 연구는 작은 규모의 연구 대상을 심도 있게 연구하여 각각의 사례에서 일어날 수 있는 학습 메커니즘을 밝혀내는 데 초점을 둔다. 심리학과 마찬가지로, 수학교육에서도 과학적 방식이 수학학습을 연구하는 타당한 방법으로 인정되었으나, 1980년대 이후 많은 연구들이 해석적 방식을 적용하고 있다.

대부분의 수학 교사들도 과학적 방식에 익숙하기 때문에, 과학적 방식이 '실제적' 연구를 수행하는 유일한 방법이라 생각하는 경향이 있다. 엄밀하게 말하자면, 실험 연구를 완벽하게 실시하기 위해서는 연구 대상을 실험 집단과 통제 집단에 무작위 할당해야 하며, 미리 작성된 설문지나 검사 등과 같은 양적 자료를 사용하여 학습의 효과를 검증해야 한다. 이러한 연구의 목적은 수학적으로 표현되는 행동에 대하여 가설을 설정하고 이를 검증함으로써 객관적 지식을 확보하는 것이다. 그러나 과학적 연구에는 약점이 있다. 연구 대상인 학생, 학급, 학교, 교사에 대한 표본이 제한적이기 때문에, 연구의 결과를 일반화하는 데 한계가 있다. 학습 결과나 이해 정도를 어떻게 측정할 것인지에 대해서도 문제점이 있다. 더욱이 연구 결과의 유의미성을 통계적으로 검증하기 위해서는 변인들의 정규분포를 가정할 수 있어야 한다. 통계 자료의 정규분포성이 인정된다고 하더라도, 통계 자료는 변인들 간의 인과 관계를 설명하지 못할 뿐만 아니라 학습자들이 수학 교수·학습 상황에서 어떤 의미를 어떻게 형성했는지를 말해주지 못한다.

이러한 과학적 접근 방식의 문제점뿐만 아니라 사회학과 인문학 분야의 영향으로 인하여 최근에는 많은 연구들이 해석적 연구 방식을 취하고 있다. 해석적 연구 방식을 질적 연구 방법이라고도 한다. 최근에는 많은 연구자들이 해석적 연구 방식으로 학생들이 수학을 어떻게 학습하는지에 대하여 연구하고 있는 추세이다. 이러한 방식의 연구들은 주로 학습자와 학습에 대한 사례 연구로 진행되며, 학습 과정에서 학생들에게 어떤 일이 일어나는지를 밝혀내는 데 초점을 둔다. 〈표 1.1〉은 두 가지 연구 방식을 요약한 것이다.

〈표 1.1〉 과학적 연구와 해석적 연구의 비교

유형	과학적 연구	해석적 연구
적용 분야	물리학, 생물학, 농학, 심리학 등의 분야.	사회학, 인문학.
연구 목적	과학적 진리에 대한 객관적 지식 생성. 수학적으로 표현될 수 있는 행동의 재생 가능한 법칙 발견.	개인적 진실 규명. 학습자와 학습에 대한 사례 연구. 주관적 이해. 학습에 대한 심층 기술.
연구 방법	미리 준비한 질문지, 검사 등을 통하여 양적 자료 수집. 실험 연구(실험 집단 대 통제 집단).	면담을 통한 질적 자료 수집. 소수의 표본을 대상으로 한 구체적인 사례 연구.
장점	일반화와 반복 가능한 객관적이고 과학적인 지식. 타당도와 신뢰도를 갖춘 자료. 표본들 간의 비교. 학업성취도와의 관련성.	개인별 또는 상황에 맞게 대처할 수 있는 방법의 적용. 특정한 개인 또는 상황에 대한 심층 연구, 관찰된 여러 가지 요인 간의 관련성 기술.
단점	일부 표본을 연구 대상으로 하기 때문에 일반화에 한계가 있음. 미리 설정하지 못한 가설이 존재할 수 있으며 그들 사이의 관련성을 밝힐 수 없음.	연구 방법, 연구 결과에 주관성이 작용할 위험이 있음. 연구 결과를 일반화할 수 없음.

이 두 가지 유형의 연구 방식은 각각 나름대로의 위치를 갖고 있으며 타당한 것으로 인정된다. 우리는 아동들이 범하는 오류의 사례들을 분석함으로써 그들의 사고 과정을 이해할 수 있다. 또한 검사 결과를 가지고도 그들의 사고 과정을 이해할 수 있다. 이 두 가지 유형의 자료들은 모두 학생들의 사고 과정을 이해하는 데 도움이 된다.

연구를 수행함에 있어서, 어떤 교사들은 학생 몇 명을 심층 분석하는 것이 더 쉽고 의미가 있을 것(해석적 연구)이라고 생각하지만, 어떤 교사들은 연구 대상을 실험 집단과 통제 집단으로 나누어 적절한 실험 처치를 한 다음 자료를 수집하여 분석하는 것(과학적 연구)이 더 효과적이라고 생각한다. 그러나 두 가지 연구 방식 모두 성공적으로 수행될 수 있고, 각각 의미가 있다. 실제로 두 가지 연구 방식은 적절한 방식으로 결합되어 수행될 수도 있다. 이를테면 해석적 연구의 전형적인 방법이라고 할 수 있는 면접이나 진단 평가를 활용하여 정형 문제나 과제에 대한 반응을 소수의 학습자에 한해 살펴보는 것도 의미가 있다.

4장에서는 분수 덧셈에서 나타나는 학생들의 오류 유형과 해결방법을 해석적 연구의 관점과 과학적 연구의 관점에서 분석하고 있다. 이것은 해석적 연구 방식과 과학적 연구 방식의 중요성, 의의, 타당성을 보여주는 예이다.

여기서는 수학교육심리학과 관련된 이슈들을 소개하려는 의도에서 두 가지 연구 방식을 간략히 소개하였다. 연구 방식의 서로 다른 관점에 대한 자세한 설명은 수학교육 연구방법론을 참고하기 바란다. 이와 관련된 추천도서는 다음과 같다.

---------- 참고문헌

Bassey, M. (1990-91) On the Nature of Research in Education (Parts 1-3), *Research Intelligence* Nos. **36** (Summer 1990), 35-38; **37** (Autumn 1990), 39-44; **38** (Winter 1991) 16-18. This set of three articles which provides a valuable if brief introductory overview of many of the issues that arise in research methodology course.

Bell, J. (1992) *Doing Your Research Project*, Milton Keynes, Open University Press. A clear and straightforward introduction to different approaches to educational research.

Cohen, L. and Manion, L. (1995) *Research Methods in Education*, London: Methuen (4th edition). A standard text on research methods in education which students have often found useful.

Ernest, P. (1994) *An Introduction to Educational Research Methodology and Paradigms*, Exeter: University of Exeter School of Education (Graduate School). And introduction to theoretical and practical issues in research methodology.

Ernest, P. (Forthcoming d) *Research Methodology in Mathematics Education*, Saarbrücken, Germany: Lambert Academic Publishing. This treats many of the theoretical ideas underpinning the use of research methods and methodologies in mathematics and science education.

McNiff, J. (1988) *Action Research: Principles and Practice*, London: Macmillan. An accessible account of the approach with examples of teacher's case study research.

Silverman, D. (1985) *Qualitative Methodology and Sociology*, Aldershot: Gower Publishing Company. This provides a well grounded introduction to ethnographic and qualitative research methods, located in the interpretative research paradigm. It discusses sociological and social science research, and is not specifically directed at education, but a number of educational researchers have found it to be of value.

Chapter 2

수학 교수-학습의 목적과 목표

수학 교수-학습의 목적

수학교육은 의도적 활동이다. 수학교육은 교사, 학교, 지역 교육청, 교육과정 개발자, 국가적 수준에서 계획적으로 이루어지는 광범위하고 전문적인 활동이다. 수학교육이 의도하는 목표와 결과가 바로 교육의 목적이라고 할 수 있다. 교육의 결과를 지칭하는 용어로 교육의 목적, 목표, 지향점 등이 다양하게 사용된다. 타바(Taba, 1962)는 교육의 지향점을 단기적이고 구체적인 것(교육 목표)과 장기적이고 포괄적인 것(교육 목적)으로 구분하였다. 타바의 정의에 따라, 본 글에서는 '교육의 목적'을 장기적인 교육적 지향점으로, '교육의 목표'를 단기적인 지향점으로 정의하려고 한다.

수학교육의 목적에 대해서는 많은 언급이 있어 왔다. 예를 들어, 1985년에 〈Cockcroft Report(1982)〉에 뒤이어 영국의 교육부에서는 수학교육의 목적을 다음과 같이 구체화하였다.

수학교육의 목적

1.1 수학을 교육하는 일반적인 목적들 중에서 필수적으로 달성해야 하는 중요한 목적들이 있다. 이 장에서 언급된 목적들은 없어서는 안 될 필수적인 것들이지만 다른 추가할 것들도 있을 것이다. 달성하는 방법은 학생의 연령과 능력에 따라 달라지겠지만, 이 목적들은 모든 학생들에게 기대되는 것이다.

[학생들은 아래와 같은 사항들을 인식하고 달성해야 한다]

1.2 의사소통의 필수 요소로서의 수학

1.3 강력한 도구로서의 수학

1.4 수학 내에서의 관련성 인식

1.5 수학의 매력 인식

1.6 수학에 대한 창의적이고 자기 주도적이며 융통성 있는 생각

[학생들은 아래와 같은 능력을 갖추어야 한다]

1.7 체계적인 방법으로 활동

1.8 독립적으로 활동

1.9 협력적으로 활동

1.10 수학에 대한 심도 있는 탐구
1.11 수학적 능력에 대한 자신감

(Her Majesty's Inspectorate, 1985: 2-6)

본 저자는 학생들마다 수학교육의 목적이 달라야 한다고 주장해왔다. 나는 현대 영국의 수학교육의 목적을 〈표 2.1〉과 같이 다섯 가지로 제시하였다(Ernest, 1991a).

〈표 2.1〉 현대 영국의 수학교육의 목적

- 수학 문제해결 학습(학습 과정적 측면)
- 수학에 대한 이해 및 가치 인식(수학적 측면)
- 수학에 대한 자신감, 수학을 통한 창의성 및 자기표현(학생 측면)
- 수학적 소양을 갖춘 시민 양성(사회적 측면)
- 기초적인 수학적 기능 획득(기초 기능적 측면)

수학교육의 목적은 교육적 이데올로기 및 교육 철학과 밀접하게 관련되어 있으며, 그것은 수학교육과정에서 훨씬 더 구체적으로 드러난다. 수학교육의 목적을 좀 더 자세히 알아보려면, Niss(1996)를 참고하기 바란다. 여기서는 좀 더 구체적인 학습 결과, 즉 수학교육의 목표에 초점을 맞추려고 한다.

수학교육의 목표

수학교육의 목적과 더불어, 수학 교수·학습에는 특정한 목표가 있다. 수학교육의 목표에 대한 진술은 아주 오래전으로 거슬러 올라간다. 1950년대에 벤저민 블룸(Benjamin Bloom, 1956)과 동료들은 교육 목표의 위계 이론을 개발하였다. 그 당시의 교육심리학과 인지심리학 이론에 따라 그들은 심리학적 기능을 세 가지 영역으로 구분하였다.

1. **인지적 영역**: 지식, 이해, 추론 및 지적 기능과 관련
2. **정의적 영역**: 태도, 감정, 가치 인식과 관련
3. **심동적 영역**: 신체적 기능 및 숙달, 지각적 기능과 관련

수학교육의 목표에는 이 세 가지 영역이 모두 포함된다. 수학에서는 지적 능력(인지적 영역)뿐만 아니라 수학에 대한 태도(정의적 영역)도 중요하고, 자, 컴퍼스, 각도기를 사용하는 능력(심동적 영역)도 중요하기 때문이다.

블룸의 교육목표 분류학에 따르면, 인지적 영역은 그 복잡성에 따라 6단계로 구성되는데 앞으로 갈수록 하위정신능력에, 뒤로 갈수록 고등정신능력에 해당한다(〈표 2.2〉).

〈표 2.2〉 블룸의 교육목표 분류학(인지적 영역)

낮은 수준	1	**지식**: 학습 내용을 기억하고 상기해내는 능력
	2	**이해**: 학습 내용의 단순한 이해, 번역, 해석, 외삽에 의한 추론 능력
⇑	3	**적용**: 학습 내용을 구체적 상황에 사용하는 능력
⇓	4	**분석**: 구성 요소, 요소들 간의 관계 및 조직 원리를 분석하는 능력
	5	**종합**: 여러 요소를 결합하여 하나의 새로운 전체를 구성하는 능력
높은 수준	6	**평가**: 내적 준거 및 외적 준거에 의한 판단 및 평가하는 능력

수준 1(지식)은 인지적 능력에서 가장 낮은 수준이다. 예를 들어, $\sin a = \frac{O}{H}$를 기억해내는 것이 여기에 해당한다.

수준 2(이해)와 수준 3(적용)은 좀 더 높은 수준으로서 수학적 과제나 상황에 대한 이해(예를 들어, 7, 10, 13, 16, …과 같은 수열)와 규칙의 적용을 의미한다.

수준 4(분석)와 수준 5(종합)는 주로 문제해결과 관련이 있다(예를 들어, 7, 10, 13, 16, …과 같은 수열을 분석하여 $3n+4$라는 규칙을 찾아냄).

수준 6(평가)은 최고 수준의 인지적 능력으로서 수학에서 증명과 정당화와 관련된다(예를 들어, $x^2+2x+1=5x^2+x-4 \Rightarrow (x+1)^2=(5x-4)(x+1) \Rightarrow x+1 = 5x-4 \Rightarrow 4x=5 \Rightarrow x=\frac{5}{4}$에서 오류 찾기).

위에 제시한 예들은 중학생들에게 요구될 수 있는 인지적 능력들이다. 각 수준에서 요구되는 인지적 능력은 학생들의 나이 및 성취도와 관련이 있다.

프로이덴탈(Freudenthal)은 몇 가지 관점에서 블룸의 교육목표 분류를 강력하게 비판하였다. 첫째, 이 분류는 수학에 잘 적용되지 않는다. 둘째, 이 분류는 평가에 관한 것이지 학습에 관한 것이 아니다. 셋째, 이 분류는 지식과 기능을 여러 개의 조각으로 나누어 분석할 수 있다고 가정하고 있다. 실제로 문제해결에는 여러 가지 유형을 지식과 기능을 통합하는 능력이 요구된다. 따라서 이러한 블룸의 교육목표 분류를 활용하기 전에 먼저 프로이덴탈(Freudenthal, 1978)의 비판을 먼저 읽어보기 바란다.

좀 더 최근에, 알란 벨(Alan Bell)과 동료들(1983)은 학교에서 수학을 학습함으로써 얻을 수 있는 학습 결과를 다음과 같이 분류하였다.

〈표 2.3〉 학교 수학의 학습 결과

학습 결과	정의
사실	표현, 약속, 환산율, 용어와 같은 임의적 정보
기능	연산, 대수적 기능, 도형 그리기 등과 같이 숙달된 여러 단계의 절차
개념	성질을 모아 놓은 집합이며, 다른 것들과 구분하기 위한 수단
개념 구조	개념들의 집합으로 개념 구조 안에 있는 개념들은 서로 관련되어 있음
일반 전략	문제해결의 각 단계에서 어떤 기능이나 지식을 사용할 것인지를 선택하는 데 도움이 되는 방법이나 절차
태도 및 가치 인식	수학의 본질에 대한 인식 및 수학에 대한 정서적 감정

여기서 학습 결과는 학습 활동이 이루어졌을 때 학습자가 획득한 지식, 기능 또는 성향을 의미한다. 또한 학습 결과는 학습자가 수학학습을 통하여 획득할 것으로 기대되는 지식의 유형을 분석해놓은 것을 의미하기도 한다. 여기서는 각각의 학습 결과들을 간략하게 소개하고, 이후의 장들에서 자세하게 논의할 것이다.

사실

사실은 표기(예를 들어, 소수 표현에서 '소수점', %), 약어(cm는 센티미터를 의미),

약속($5x$는 $5\times x$를 의미, 혼합계산에서 연산의 순서), 환산율(1마일 = 1.6km), 개념의 이름(홀수, 세 변의 길이가 같은 삼각형은 정삼각형이라고 함), 사실적 결과(곱셈구구, 피타고라스의 정리)와 같이 알려진 것을 학습함으로써 습득할 수 있는 정보를 말한다.

사실은 수학적 지식에서 원자에 해당하는 가장 기초적인 것이다. 각각의 사실들은 작고 기본적인 지식들이다. 사실들은 좀 더 큰 규모의 유의미한 체계로 통합되겠지만, 우선 개별적인 지식으로 학습되어야 한다. 이 사실들이 훨씬 더 쉽게 그리고 잘 기억될 수 있도록 통합된다면, 개념적 구조의 한 부분이 된 것이다. 예를 들어, $9\times6=54$는 사실이다. 그러나 한 아동이 $9\times6=6\times9$이고, 9×7은 9×6보다 9가 더 크며, $9\times6=(10-1)\times6$이라는 알게 되면, 이 사실은 아동의 개념적 구조의 일부가 된다.

기능

기능은 잘 정의된 여러 단계의 절차를 말한다. 기본적인 수 연산과 같이 연습이 많이 된 기능들이 여기에 해당한다. 또한 세로셈, 일차방정식 풀기, 주어진 반지름을 가진 원을 컴퍼스로 그리기 등도 기능에 해당한다.

기능은 종종 예나 시범을 통하여 학습된다. 먼저 제시된 예나 시범을 보고 그 다음에 직접 해보는 것이다. 즉, 기능의 난이도를 높여가면서 연습을 반복하는 것이다.

아동들이 실제로 기능을 어떻게 수행하는지를 주의 깊게 살펴보는 것이 중요하다. 왜냐하면 기능을 학습하는 과정에서 아동들이 범하는 오류를 파악할 수 있기 때문이다. 이러한 오류는 반복적으로 나타나는 경향이 있다. 오류는 기능의 일부를 생략하거나 잘못 결합하는 경우에 또는 규칙을 잘못 적용할 때 발생한다. 예를 들어, 분수의 덧셈에서, 많은 아동들이 분모는 분모끼리 분자는 분자끼리 더한다. 연구에 의하면, 초등학교 아동들의 20%가 이러한 오류($\frac{1}{3}+\frac{1}{4}=\frac{2}{7}$)를 범하는 것으로 나타났다(Hart, 1981). 아동들은 왜 이렇게 계산할까? 아마도 그 이유는 분수의 덧셈에 곱셈 규칙을 잘못 적용했기 때문일 것이다.

아동들은 그들이 배운 기능이나 규칙들을 자기 마음대로 통합하기 때문에 이러한 오류가 나타난다고 볼 수 있다. 결국 아동들은 자신의 학습 경험을 바탕으로 하여 자신만의 기능과 지식을 구성한다는 중요한 결론을 내릴 수 있다. 이것이 바로 구성주의 학습 이론이다. 또한 이 이론은 아동들이 종종 자신만의 독특한 기능을 어떻게 발명해내는지를 설명해준다.

개념과 개념 구조

엄밀하게 말해서 개념은 성질을 모아 놓은 집합이다. 예를 들어, '음수'라는 개념은 0보다 작은 수들을 모아 놓은 것이다. 마찬가지로 '정사각형'이라는 개념은 네 변의 길이가 같고 네 각이 직각인 사각형들을 모아 놓은 것이다. 즉, 개념은 여러 가지 대상들 중에서 주어진 개념에 해당하는 대상들만을 선택할 수 있게 하는 수단이다. 이를테면 '빨간색'이라는 개념을 이용하여 여러 가지 색 중에서 빨간색인 물건들을 선택할 수 있다. 개념은 그 개념을 지칭하는 이름이 아니고 그 뒤에 깔려 있는 아이디어이다. 개념을 학습하는 것은 개념의 이름 자체를 학습하는 것 이외에도 그것이 의미하는 바를 학습하는 것이다. 즉, 개념을 학습한다는 것은 그것이 어떻게 정의되었는지를 학습하는 것이다.

개념 구조는 개념들을 모아 놓은 집합으로 개념 구조 안에 있는 개념들은 서로 관련되어 있다. 학습을 통하여 더 많은 개념들이 추가되고 연결됨으로써 개념 구조는 복잡해지고 확장된다. 예를 들어, '자릿값'과 '사변형'은 개념 구조이다. 자릿값은 우리가 사용하고 있는 위치적 기수법에서 핵심적인 역할을 한다. 이를테면 9, 90, 900, 0.9와 같이 9가 차지하고 있는 위치에 따라 그 값이 달라진다. 자릿값을 이해한다는 의미는 위치에 따라 그 값이 달라진다는 사실과 왼쪽에 있는 수는 바로 오른쪽에 있는 수보다 10배의 크기를 갖는다는 사실을 아는 것이다. 즉, 어떤 수에 10, 100, 1000을 각각 곱하면 수의 계열에서 왼쪽으로 한 자리, 두 자리, 세 자리 옮겨진다는 것을 의미한다. 또한 수는 왼쪽으로 또는 오른쪽으로 무한히 확장할 수 있으며, 10개의 숫자와 점을 이용하면 세상의 모든 수를 표현할 수 있다는 것을 의미한다.

사변형은 자릿값보다는 간단한 개념 구조이지만, 사변형을 이해하기 위해서는 다각형, 부등변 사각형, 사다리꼴, 마름모, 평행사변형, 직사각형, 정사각형, 연꼴 사이의 관계를 알아야 한다.

아동들이 자기 스스로 자신의 지식을 구성한다는 주장(구성주의라고 하는 이 이론은 5장과 6장에서 자세하게 논의됨)은 개념 구조에도 적용할 수 있다. 우리의 기억은 각 개인의 정신 속에서 독특한 방식으로 결합되고 구성된다. 나는 1부터 100까지의 수를 특별한 이미지로 기억하고 있다. 다른 사람들은 나와 다른 이미지로 수를 기억할 것이다. 다시 말해서, 수에 대한 우리의 개념 구조는 사람들마다 서로 다르다. 물론 11은 12 다음에 온다는 사실과 같이 공통적으로 기억하는 부분도 몇 가지 있을 것이다.

몇몇 연구자들은 두 자리 수의 뺄셈과 관련된 기본적인 지식과 기능을 분석하여 $5-3=2$와 같은 한 자리 수의 뺄셈을 제외하고 50개로 구성된 매우 상세한 개념지도를 작성하였다(Denvir & Brown, 1986). 이 연구자들은 초등학생들을 대상으로 검사를 실시하여, 개념지도가 각 개인의 지식 유형을 설명하는 데에는 유용한 도구로 사용될 수 있음을 확인하였다. 그렇지만 특정한 기능을 매우 세심하게 가르쳤음에도 불구하고 아동들이 그 다음에 무엇을 학습할 것인지를 예측하는 데에는 도움이 되지 않았다. 많은 아동들이 정작 가르친 것을 학습하지 않았다. 더욱 놀라운 것은 가르치지 않은 것을 학습했다는 점이다! 이러한 연구 결과는 아동들이 자기 자신만의 독특한 학습 경로를 따르며 자신만의 개념 구조를 구성한다는 구성주의 이론에 부합한다.

아동들이 학교에서 학습하는 대부분의 수학적 지식은 개념 구조로 조직되며, 그들이 학습한 사실과 기능들은 이 개념 구조 속에 포함되거나 연결된다. 사실, 기능, 개념들 간의 연결이 강화될수록 지식을 기억하거나 적용하는 것이 훨씬 더 쉬워진다.

일반 전략

문제해결은 수학에서 가장 중요한 활동 중 하나이다. 일반 전략은 문제해결의 각 단계에서 어떤 기능이나 지식을 사용할 것인지를 선택하는 데 도움이 되는 방법이나 절차를 의미한다.

학교 수학의 문제는 학습자에게 익숙할 수도 있고 그렇지 않을 수도 있다. 문제가 학습자에게 익숙하다면, 학습자는 이전에 해결했던 방법을 기억하여 그대로 적용하면 된다. 그러나 문제가 새로운 것이라면, 학습자는 그 해결 방법을 기억할 수 없을 것이다. 이때가 바로 일반 전략이 유용한 경우이다. 왜냐하면 일반 전략은 문제해결로 이끄는 가능한 접근 방법을 제시하기 때문이다. 개방형 문제나 과제와 같이 새로운 수학적 탐구를 하거나 규칙을 찾아내는 상황에서는 창의적인 생각이 요구된다.

대부분의 아동들이 일반 전략을 학습하는 첫 번째 영역은 수 문제를 해결하는 경우이다. 15와 47을 더하라고 하면, 아동들은 문제를 단순화할 수 있는 방법을 찾는다. 즉, 아동들은 일의 자리의 수를 10으로 만들려고 한다. 이를테면 5에서 3을 가져와서 7에 더하여 10을 만들거나($15+47=12+50=62$), 7에서 5를 가져와서 5를 더하여 10을 만든다($15+47=20+42=62$). 어떤 아동은 십의 자리와 일의 자리를 각각 더하여 문제를 단순화한다($15+47=50+12=62$). 이러한 일반 전략은 수를 합성하거나 분해함으로써 문제를 단순화한 것이다.

일반적으로 일반 전략은 사례를 통하여 학습되지만, 학습자가 발견하거나 개발하는 경우도 있다. 일반 전략은 영국의 수학교육과정에서 모든 아동들에게 요구되는 중요한 것으로 인식되고 있으며, Ma 1: Using and applying mathematics[1]의 첫 번째 학습목표는 주로 일반 전략의 개발과 사용에 관한 것이다. 영국의 수학교육과정에는 세 가지 유형의 일반 전략이 포함되어 있다. 첫째는 '문제를 해결하기 위한 의사결정 및 모니터링'으로서 문제를 해결하기 위한 자료, 절차, 접근 방법의 선택에 관한 것이다. 둘째는 '수학적 용어와 의사소통'으로서 문제해결 과정 및 결과를 구두 또는 지필로 기록하고 발표하는 것에 관한 것이다. 셋째는 '수학적 추론 기능의 개발'로서 수학적 사고, 수학적 추론, 수학적 정당화에 관한 것이다.

태도 및 가치 인식

수학에 대한 태도는 학습자가 수학에 대하여 느끼는 감정 및 인상을 의미한다. 여기에는 수학을 좋아하거나 싫어함, 수학에 대한 흥미, 수학에 대한 자신감 등이 포함된다. 수학에 대한 태도의 중요성은 널리 인정되고 있으며, 수학을 가르치는 중요한 목표 중 하나로 인식되고 있다. 즉, 모든 학생들은 수학을 좋아해야 하고 즐길 수 있어야 하며, 자신의 수학적 능력에 자신감을 가져야 한다. 수학에 대한 긍정적인 태도는 그 자체로 훌륭할 뿐 아니라, 수학학습에 더 많은 노력을 기울이게 하며 결국에는 더 나은 수학적 성취를 이루게 한다. 그러나 불행하게도 많은 아동들 그리고 어른들조차 수학을 싫어하고 수학에 대한 자신감이 없다고 말한다. 심지어는 수학에

1) **역자주**. 영국의 수학교육과정에서 수학은 4가지 영역으로 구분된다. MA1: Using and applying mathematics(수학의 적용 및 응용), MA2: Number and algebra(수와 대수), MA3: Shape, space and measures(도형, 공간, 측정), MA4: Handling data(자료 처리)

대하여 불안감을 갖고 있는 사람들도 있다.

수학에 대한 태도는 직접적으로 가르치는 것이 아니다. 이것은 오랜 기간에 걸쳐서 이루어진 수학학습에 대한 경험의 결과로 나타난다. 그러나 때로는 학생의 활동에 대한 교사의 칭찬이나 관심(긍정적 효과), 공개적인 비판이나 비난(부정적 효과)과 같은 특정한 사건이 학생들의 태도를 변화시키기도 한다. 같은 사건이나 상황이 발생하더라도 그것에 대한 반응은 학습자에 따라 다르기 때문에, 그 효과를 예측하기는 쉽지 않다.

수학에 대한 가치 인식은 수학을 어떤 모습으로 보는지와 관련된다. 여기에는 수학을 무엇으로 생각하는지 그리고 수학의 가치 및 역할을 어떻게 인식하는지 등이 포함된다. 수학에 대한 생각 및 인식에 대해서는 이후의 장에서 자세하게 논의할 것이다.

〈표 2.4〉는 앞에서 언급한 학교 수학을 통하여 기대되는 학습 결과들을 잘 이해하고 있는지를 알아보기 위한 검사지이다.

〈표 2.4〉 학교 수학의 학습 결과에 대한 이해 정도를 판단하기 위한 검사지

다음의 각 진술은 사실, 기능, 개념 구조, 일반 전략, 수학에 대한 태도 또는 가치 인식 중에서 어느 것에 해당하는지 판단하시오.

1. y축을 대칭축으로 했을 때 직각삼각형의 대칭 도형을 그릴 수 있다.
2. 'cm'은 센티미터를 나타낸다는 것을 안다.
3. 수학은 규칙을 연구하는 학문이라는 것을 안다.
4. 1마일은 1.6km이라는 것을 안다.
5. $4-(-5)=9$를 계산할 수 있다.
6. 계산기를 사용하여 $0° < x < 180°$에 해당하는 x를 찾는 방법을 안다.
7. $a:x=b:c$에 해당하는 x를 찾는 방법을 안다.
8. 주사위 3개를 던져서 합이 10이 되는 경우의 수를 찾을 수 있다.
9. $a.bcd \times 100 = abc.d$이라는 것을 안다.
10. $x^2+2x-17$에 수를 대입하면 항상 소수가 된다는 것을 확인하는 방법을 안다.
11. 수학 프로젝트를 완수하기 위해서는 열심히 참여해야 한다.
12. 소수를 찾을 수 있다.
13. $2x^2 = 2 \times x \times x$라는 것을 안다.

14. 수학은 정답인지 아닌지를 확실하게 알 수 있는 과목이라고 생각한다.
15. 수학은 어려운 문제에 도전하게 하는 흥미로운 과목이라고 생각한다.
16. $75\% = \frac{3}{4}$이라는 것을 안다.
17. 컴퍼스를 이용하여 이등변삼각형을 그릴 수 있다.
18. 어떤 수가 완전수인지를 확인하기 위하여 6의 배수인지를 확인한다.
19. $0.7 > 0.25$라는 것을 안다.
20. 행렬의 곱셈을 할 수 있다.
21. 숫자 4를 네 개 이용하여 특정한 수를 만드는 것보다 덧셈 문제 100개를 푸는 것이 더 좋다.
22. 각을 20°에 가깝게 어림할 수 있다.
23. $9.7+8.65$가 적용될 수 있는 경우를 설명할 수 있다.
24. 교실의 벽, 바닥, 천장의 전체 넓이를 계산할 수 있다.
25. $\tan a = \frac{O}{A}$임을 안다.

Cockcroft 243과 영국의 수학교육과정

학교 수학의 학습 결과로 기대되는 수학적 사실과 기능, 개념 구조, 일반 전략, 수학적 태도 및 가치 인식에 대해서는 〈Cockcroft Report(1982)〉에 자세하게 제시되었다. 이 요소들은 수학 교수-학습의 서로 다른 측면이 반영되어 나타나기 때문에, 서로 다른 관점에서 관심을 기울여야 한다.

수학적 이해와 문제해결능력을 수학교육의 중요한 학습 결과라고 본다면, 수학적 사실과 기능의 습득에 집중하는 것만으로 충분하지 않다. 이것은 기초로 돌아가자(Back-to-Basics)는 수학교육 운동을 지지했던 극단적인 주장과는 대비되는 관점이다.

이러한 심리학적 연구를 바탕으로 하여 〈Cockcroft Report〉에서는 수학 교수·학습과 관련하여 다음과 같이 권고한 바 있다.

어떤 수준이든 간에 수학 교수·학습에는 다음과 같은 활동이 포함되어야 한다.

- 교사의 설명
- 교사와 학생 그리고 학생들 사이의 논의
- 적절한 실습
- 기본적인 기능과 절차의 훈련 및 연습
- 일상적 상황에 수학을 적용하는 것을 포함한 문제해결
- 탐구 활동

(Cockcroft 1982, 문단 243)

모든 수준의 학교 교육에서 위에 열거한 활동들이 이루어질 수 있는 교수-학습 방법이 필요하다. [그림 2.1]은 수학적 사실과 기능에 관한 지식뿐만 아니라 수학에 대한 태도 및 가치 인식, 문제해결 전략, 수학적 개념 구조를 개발하는 데 도움이 되는 교수-학습 방법을 제시한 것이다. 학교 수학의 다양한 심리학적 목표를 살펴봄으로써, 〈Cockcroft Report〉에서 제시한 권고사항의 이면에 깔려 있는 수학 교수-학습 방법에 대한 생각을 엿볼 수 있을 것이다.

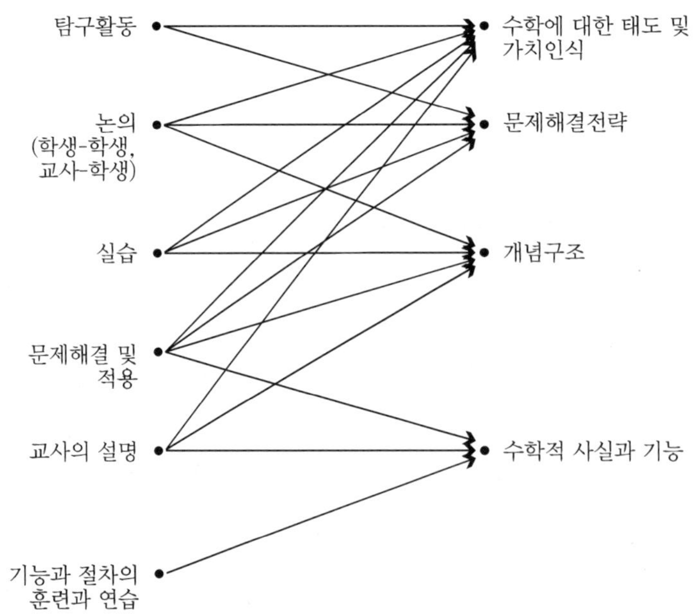

[그림 2.1] 수학 교수-학습 방법과 학습 결과의 관계

<Cockcroft Report>에 이어서 수학교육과 관련하여 수학학습의 목표를 이전보다 훨씬 충실하게 그리고 전반적으로 언급할 필요성이 대두되었다(HMI, 1985). <표 2.5>에 제시한 것이 그것이다.

<표 2.5> 학교 수학의 학습목표

구분	내용
사실	용어(홀수, 소수) 표시(자릿값, %) 약속(대괄호, m/s) 결과(곱셈구구, 피타고라스의 정리)
기능	기초적인 연산의 수행 의미 있는 계산기 사용 도형 그리기와 같은 절차적 기능 수학적으로 의사소통하는 능력 수학적 활동에 컴퓨터 활용
개념 구조	기본적인 개념의 이해 개념들 간의 관련성 이해 적절한 자료의 선택 상황에 맞게 수학을 사용 결과의 해석
일반 전략	시행-착오 방법 어려운 과제를 단순화하기 규칙 찾기 추론 가설 설정 및 검증 증명 및 반박
개인적 성향	열심히 하는 습관 수학에 대한 긍정적 태도

이후 영국에서 개발된 수학교육과정에서 수학학습의 목표는 두 개의 범주로 분화되었다. 이 두 개의 범주는 수학적 내용(사실과 기능에 관한 지식, 개념 구조)과 수학적 과정 및 개인적 성향(일반 전략, 태도 및 가치 인식)이다. 이것은 <표 2.6>에 제시하였다.

〈표 2.6〉 학교 수학의 학습 결과

요소	영역
수학적 내용 (60%)	수
	대수
	측정
	기하(모양과 공간)
	자료 처리(통계와 확률)
수학적 과정 (40%)	수학의 실제 적용: 수학의 활용, 의사소통 기능, 개인적 성향

몇 번의 정선과 개정의 과정을 거쳐서, 이 두 가지 범주는 1990년대까지 유지되었다. 네 개의 영역(대수와 수가 통합되었음)으로 이루어진 수학적 내용은 성취 목표 MA2에서 MA4까지에 해당하며, 수학적 과정은 성취 목표 MA1에 해당한다. 수학적 과정에 대한 감소(25%로 줄임) 이외에 주된 변화는 개인적 성향, 태도 및 가치 인식이 빠졌다는 점이다. 그 대신 성취 목표 MA1에 해당하는 수학의 적용 및 응용에서 일반 전략과 같은 부분이 강조되었다.

〈표 2.7〉 영국의 1995 수학교육과정에 제시된 성취 목표

코드	성취 목표	요소(KS 1-4)
MA1	수학의 적용 및 응용	문제해결을 위한 의사결정 및 모니터링 수학적으로 의사소통하기 수학적 추론 기능의 개발
MA2	수	자릿값의 이해 및 수 체계의 확장 수들 사이의 관계 이해 및 계산 방법의 개발 수와 관련된 문제해결
	대수	함수적 관계의 이해 및 적용 방정식과 식의 이해 및 적용
MA3	기하	모양의 규칙과 성질의 이해 및 적용 위치, 이동, 변환의 성질의 이해 및 적용 측정의 이해 및 적용
MA4	자료의 정리	자료의 수집, 분류, 표현, 해석 확률의 이해 및 계산

Mathematics in National Curriculum Council(1995)

그러나 영국, 웨일스, 북아일랜드의 수학교육과정에서는 수학적 내용을 강조하기 위하여 첫 번째 성취 목표인 수학의 적용 및 응용(MA1)이 삭제되었다. 이후 2000년에 개정된 수학교육과정에서는 사실, 기능, 개념과 개념 구조를 직접적으로 강조한 반면에, 일반 전략이나 창의적 문제해결 기능은 약화했다.

수학교육과정에 대한 평가

수학학습의 목표는 수학학습 및 수학교육과정에 대한 평가의 관점에서도 논의될 필요가 있다. 왜냐하면 수학학습 및 수학교육과정에 대한 평가가 이루어지기 위해서는 수학학습의 목표를 명료화해야 하기 때문이다.

예를 들어, 〈표 2.8〉에 제시한 바와 같이 로비테일과 가든(Robitaille & Garden, 1989)은 수학교육과정을 세 가지 수준으로 구분하였다. 계획된 교육과정은 수학교육과정 자체를 분석하여 평가하는 것이다. 교육된 교육과정은 교실에서 실제로 이루어지는 수학수업에 관한 것이다. 학습된 교육과정은 학생들의 학업성취도가 반영된 방식으로 분석된다.

〈표 2.8〉 수학교육과정의 수준

수학교육과정의 수준	수학교육과정의 평가 방법
계획된 수학교육과정	수학교육과정 자체에 대한 분석 및 평가
교육된 수학교육과정	교실에서 관찰된 수학교육과정
학습된 수학교육과정	수학교육과정을 통한 학생들의 학습

또한 학생들의 학업성취도를 측정하기 위하여 국제교육성취도평가(International Assessment of Educational Progress, IAEP)에서 개발한 척도를 살펴볼 필요가 있다.

IAEP는 미국의 교육평가 전문기관인 Educational Testing Service(ETS)가 최초로 실시한 수학·과학 학력평가 국제비교연구이다(Robitaille & Travers, 1992). IAEP는 수학적 능력의 수준을 〈표 2.9〉와 같이 구분하였다.

〈표 2.9〉 수학적 능력의 정의(IAEP)

수준	확인된 수학적 수행 능력
수준 300	간단한 덧셈 및 뺄셈의 수행
수준 400	간단한 문제를 해결하기 위하여 기초적인 연산을 사용함
수준 500	2단계 문제를 해결하기 위하여 중간 수준의 수학적 기능을 사용함
수준 600	측정 및 기하 개념을 이해하고 복잡한 문제를 해결함
수준 700	고급 수준의 수학적 개념을 이해하고 적용함

IAEP에는 한국, 아일랜드, 영국, 미국, 스페인의 5개국과 캐나다의 4개 주(이 중 3개 주는 영불어의 2개 언어권)가 참가하였다. 각국의 학생 집단에서 13세 학생들이 대표적으로 표집되어 수학·과학의 학업 성취도가 평가되었다. 이 조사에서 한국 학생들의 점수가 가장 높았으며, 미국 학생들의 점수가 가장 낮았고 영국 학생들의 점수는 500점이었다.

Chapter 3

수학적 사실과 기능의 학습

2장에서는 학교 수학교육의 목표를 분석하면서 먼저 수학적 사실과 기능을 구분하였다. 수학적 사실은 정의된 용어나 개념에 대한 이름(예, 홀수, 소수), 기호나 표현(예, 자릿값 표현에서 소수점, %), 관습이나 약속(예, 괄호가 포함된 연산의 순서), 약어(예, km/h), 단위환산(예, 1마일 = 1.6km), 구구 및 규칙(예, 곱셈구구, 피타고라스 정리)에 관한 지식이다.

수학적 기능은 잘 정의된 단계별 절차를 의미하는 것으로서, 기호적 표현(수치적 표현, 대수적 표현), 기하학적 도형이나 그들 사이의 관계(좌표, 그래프 그리기) 등이 포함된다. 따라서 수학적 기능에는 사칙연산 알고리즘, 방정식의 해법, 컴퍼스를 이용하여 주어진 반지름을 가진 원 그리기 등이 포함된다.

수학적 사실은 작은 조각들로 학습되어야 한다. 물론 각 조각들은 나중에 더 큰 정보 체계로 통합될 것이다. 반면에 수학적 기능은 직접 '해봄으로써' 학습된다. 즉, 기능을 숙달하기 위해서는 여러 가지 사례로 반복해서 훈련하고 연습해야 한다.

수학적 사실과 기능의 학습에서 핵심적인 요소는 기억이다. 다음과 같이 세 가지 유형의 기억을 구분하여 이해하면 수학 교수-학습에 도움이 될 것이다.

〈표 3.1〉 기억의 유형

기억의 유형	감각등록기	단기기억	장기기억
정보의 처리 단계	집중하기 전 단계	집중이 요구됨	연습과 숙달
용량	큼	7±2 항목(청킹)	한계가 없음
정보의 유지기간	¼초~2초	최대 30초 정도	몇 분~몇 년
정보의 재생	단순한 재생	자동화되었거나 의식하고 있는 항목 재생	재생 단서, 정보 추적 과정을 통하여 재생

감각 등록기는 감각적 경험을 통하여 들어온 정보를 주의를 집중하지 않은 채 받아들이는 기억 장치로서, "매우 짧은 시간 동안 정보를 유지할 수 있다"(Riding, 1977: 9). 이 단계에서는 아무런 노력도 필요하지 않으며, 정보는 기껏해야 2초 정도 유지된다. 예를 들어, 여러 개의 소음을 들었을 때 기억 추적 장치가 빠르게 작동하여 몇 개의 소리만 재생된다.

단기기억 또는 장기기억은 생각, 추론, 상상하는 동안에 그 내용을 의식하는 과정에서 생기는 기억이다. 이 기억은 "정보를 분석하는 동안에 정보를 기억 속에 유지하게 한다"(Riding, 1977: 9). 어떤 정보를 단기기억으로 들어오게 하려면, 수학문제를 해결하기 위하여 문제를 읽는 것과 같은 주의집중이 요구된다. 사람들 대부분의 단기기억은 기껏해야 7개 정도의 정보이다(개인별로 차이가 있겠지만, 일반적으로 7±2로서 5개에서 9개 항목이다). 심리학자 밀러(Miller, 1956)는 단기기억의 범위를 이와 같이 규정하고 7을 매직 넘버(magic number)라고 지칭하였다. 그러나 이 정보의 개수는 지식이나 경험에 따라 많은 차이가 있다. 수학을 잘 알고 있는 사람들에게 $\sin A\cos B+\cos A\sin B$나 $\int_{0}^{1}(y^2-7y+3)^2dx$는 기억해야 할 정보의 개수가 4개 내지 5개 정도이지만, 수학을 전혀 모르는 사람들에게는 단기기억의 용량을 넘어서기 때문에 기억하기 매우 어려운 것이다. 이것은 소위 말하는 '청킹(chunking)'이라고 하는 것으로서 개개의 정보들을 더 큰 덩어리로 결합하는 능력이다. 이렇게 결합된 덩어리는 하나의 정보로 처리된다. $\frac{1}{2}$을 예로 들자면, 이 기호는 3개의 기호로 이루어져 있지만, 우리들은 하나의 정보 즉, 절반을 의미하는 기호로 생각한다. 아동들이 $\frac{1}{4}+\frac{1}{3}$과 같은 덧셈에 어려움을 겪는 것은 이것을 7개의 기호로 이루어진 것으로 생각하고, 3개의 정보로 이루어진 두 개의 분수 덧셈으로 생각하지 못하기 때문이다. 이러한 점에서 청킹 능력은 수학을 학습하는 데 필수적인 기능이라고 볼 수 있다. 단기기억은 30초 정도밖에 유지되지 않기 때문에 정보를 유지하기 위해서는 지속적으로 주의를 집중해야 하며, 주의집중이 지속되지 않는다면 다른 정보로 대체된다.

장기기억은 용량에 제한이 없으며 우리가 일상적 경험을 통하여 획득한 정보를 저장하는 장소이기도 하다. 장기기억은 "거의 영구적으로 정보를 저장한다"(Riding, 1977: 9). 그러나 새로운 정보를 장기기억에 저장하기 위해서는 연습이 필요하며, 마치 배우가 대사를 암송하듯이 적어도 한 번은 단기기억을 거쳐야 한다.

학습이 이루어지기 위해서는 어떤 형태로든 지식이 장기기억에 저장되어야 한다. 이것을 용이하게 하기 위한 몇 가지 방법은 다음 절에서 논의할 것이다.

수 구구의 학습

수에 대한 학습, 특히 덧셈 방법에서 수 세기로부터 수 구구로 전환되는 것에 대한 연구들에 따르면(Bergeron, Herscovics, Moser, 1986; Carpenter, Moser, 1982; Resnick, Ford, 1984), 아동들은 공통적인 발달 과정을 거치는 것으로 나타났다. 물론 아동들은 두 수의 덧셈문제를 해결하기 전에 다양한 수 세기를 경험할 필요가 있다. 즉, 수의 순서 말하기, 물건이나 그림의 개수 세기, 물건의 크기별로 순서 짓기, 일대일 대응, 숫자로 기록하기 등과 같은 경험을 해야 한다. 휴스(Hughes, 1986)는 물건의 개수 더하기와 같은 비형식적 덧셈으로부터 3+2와 같은 형식적이고 추상적인 덧셈으로 전환하는 것은 어린 아동들에게는 매우 어려운 일이라고 주장하였다.

지금부터는 앞에서 언급한 여러 학자들이 실제로 수행한 연구결과를 살펴볼 필요가 있다. 이들의 연구결과에 따르면, 아동들이 3+8과 같은 두 수의 덧셈문제를 해결하는 방법은 다음과 같이 5단계로 발달한다.[1)]

1. **모두 세기**. 두 수를 연속해서 센다. 3+8은 다음과 같이 처리된다. 여기서 괄호 안의 숫자는 세고 있는 수를 나타내고, 아래 첨자로 표시된 숫자는 어디까지 세었는지를 각각 나타낸다. 1(3_1), 2(3_2), 3(3_3), 4(8_1), 5(8_2), 6(8_3), 7(8_4), 8(8_5), 9(8_6), 10(8_7), 11(8_8). 답은 11이다. 즉, 먼저 3까지 세고, 이어서 수 8까지 세어서 전체 합을 구한다.
2. **이어서 세기**. 첫 번째 수를 출발점으로 해서 두 번째 수를 이어서 센다. 3, 4(8_1), 5(8_2), 6(8_3), 7(8_4), 8(8_5), 9(8_6), 10(8_7), 11(8_8). 그래서 답은 11. 즉, 3을 먼저 세고 8까지 이어서 센다.
3. **큰 수부터 세기**. 수 세기의 단계 수를 줄이기 위하여 3+8을 8+3으로 교환하여 다음과 같이 센다. 8, 9(3_1), 10(3_2), 11(3_3). 즉, 큰 수인 8을 출발점으로 선택한 다음(아마도 3+8과 8+3은 같다는 것을 이미 알고 있었을 것이다), 3을 더 세는 방법이다.

1) 여기서는 수를 표현하는 데 사용된 기호를 의미하는 숫자(numeral)와 숫자로 표현된 개념인 수(number)를 명확히 구분하지는 않을 것이다. 숫자와 수를 명확하게 구분하는 것이 중요하기는 하지만, 그렇게 큰 문제가 되지는 않을 것 같다.

4. **덧셈구구로부터 유도하기**. 알고 있는 덧셈구구(예를 들어, $8+2=10$, $10+1=11$)에 교환법칙과 결합법칙을 적용하여 답을 유도한다. 예를 들어, 한 가지 가능한 유도 방법은 다음과 같다: $3+8 \rightarrow 8+3 \rightarrow 8+(2+1) \rightarrow 10+1 \rightarrow 11$. 이 예는 '10 만들기' 전략이라고 할 수도 있을 것이다.
5. **덧셈구구**. $3+8=11$을 기억으로부터 직접 재생한다.

학습자들은 보통 위와 같은 단계로 수학적 기능과 사실을 학습하는데, 이 과정에는 다른 사람들의 도움이 필요하다. 즉, 학습 과정에서 아동들은 더 능력 있는 사람들의 도움을 받아서 과제를 해결할 수 있는 영역인 근접발달영역(Zone of Proximal Development, ZPD)에서 학습하며(Vygotsky, 1978), 나중에는 이러한 도움이 없이 과제를 수행하게 된다. 아동들은 먼저 물리적 대상(Bruner의 활동적 표상)과 그림으로 그려진 대상(영상적 표상)을 세어서 덧셈하고, 이어서 두 수(기호적 표상)를 세어서 덧셈을 하는 방법을 배운다(1단계). 그 다음에는 덧셈문제를 해결하는 다양한 경험을 통하여 세는 과정을 짧게 하는 것이 훨씬 더 효율적이라는 것을 점차 알게 된다(2단계). 나중에는 덧셈의 교환법칙을 알게 된다(3단계).

과제를 수행하는 데 걸리는 시간을 측정하는 시간 분석법에 따르면, 아동들은 특정한 덧셈구구를 쉽게 기억하는 경향이 있다고 한다. 이렇게 기억된 덧셈구구(예를 들어, $0+0$, $1+1$, $2+2$, $3+3$, $4+4$, …; Resnick & Ford, 1984)는 다른 덧셈구구를 유도하는 데 활용된다(4단계). 이러한 '같은 수 덧셈구구'는 다른 덧셈구구보다 재생하는 데 걸리는 시간이 평균적으로 적다. 따라서 아동들은 $3+3$이나 $4+4$를 이용하여 $3+4$, $3+5$, $3+6$, $4+3$, $5+3$, $6+3$, …과 같은 덧셈구구를 쉽게 계산할 수 있다. '같은 수 덧셈구구' 전략은 아동들이 학교에서 많은 덧셈문제를 해결하는 과정에서 자연스럽게 학습되거나, 또래 또는 교사와 같이 다른 사람들에게서 배울 수도 있다.

아동들이 덧셈문제를 기호적으로 해결하는 데 도움이 되는 학습경험들이 있다. 이러한 경험에는 구체적 조작물이나 그림으로 제시된 활동, 언어적 또는 기호적 활동 등이 포함된다. 기호로 표현된 덧셈, 뺄셈, 곱셈, 나눗셈 문제는 가로로 제시되거나 세로로 제시된다. 특히 덧셈과 뺄셈 연산은 역연산으로 밀접한 관련이 있다. 문장제로 제시된 문제를 해결하기 위해서는 계산을 수행하기 전에 제시된 문제를 분석하고 그것을 계산 문제로 변환해야 한다. 아동들은 대부분의 계산을 학교에서 경험하지만, 집이나 학교 밖에서도 계산과 관련된 많은 의미 있는 활동들을 경험한다. 같은 의미에서 아동들에게 영향을 줄 수 있는 사람들은 주로 교사와 또래들이지만, 학부모나 학교 밖의 다른 사람들도 여기에 포함된다. 덧셈구구와 같은 기본 구구를 익히기 위해서는 복잡한 과정을 거쳐야 하며 다양한 경험이 필요하다.

계산 방법과 알고리즘

먼저 계산 방법과 알고리즘을 네 가지 유형으로 구분하는 것이 도움이 될 것이다. 이 네 가지 유형은 형식적 지필 알고리즘, 비형식적 계산 방법, 비형식적 머리셈 방법, 계산기를 활용한 계산 방법이다.

첫째는 아래와 같은 형식적인(또는 표준적인) 세로 덧셈과 나눗셈, 분수의 덧셈이다. 일반적으로 이러한 형식적 계산 방법은 학교에서 주로 가르쳐진다.

```
    1 3 2                 ______
  + 7 9 2             27 ) 692
  -------
```

$$\frac{1}{3}+\frac{2}{5}=\frac{5+6}{15}=\frac{11}{15}$$

둘째는 아동들이 스스로 터득한(발견한) 비형식적인 지필 계산 방법이다. 다음의 예들은 아동들에게서 쉽게 발견되는 계산 방법이다.

```
     2  6  3        692÷27 = ?     270  --  10
  -  1  7  2                       270  --  10
  ----------                       ---
     1 -1  1                       540
        9  1                       135  --  5
                                   ---
                                   675         답: 몫 25 나머지 17
```

263 − 172를 계산하기 위하여, 아동들은 각 열에 있는 수를 적혀 있는 대로 뺀다.

즉, 1(100), −1(−10), 1이 되어 답은 91이 된다. 692÷27을 계산하기 위하여, 아동들은 동수누감을 적용한다. 즉, 27의 10배인 270을 두 번 뺀 다음, 27의 5배인 135를 뺀다. 그러면 결국 675에서 540(27×10+27×10)과 135(27×5)를 빼면, 몫은 25이고 나머지는 17이 된다. 이 계산 방법은 수에 대한 개념과 성질을 이해한 상태에서 유도된 효과적이고 정확한 것으로서, 아동들이 학교에서 배워서 익힌 계산 방법이 아니라 아동들이 개발한 것이다.

셋째는 비형식적 머리셈 방법이다. 머리셈 전략의 융통성과 선택은 문제해결방법과 마찬가지로 매우 다양하다(5장 참조). 머리셈 방법은 가정에서 개발되는 경우가 많으며 수를 융통성 있게 다룰 수 있는 능력이 요구된다. 피시바인(Fischbein, 1994)은 형식적인 계산 알고리즘과 아동들의 직관적 계산방법 사이의 관련성을 논의하였다. 플렁킷(Plunkett, 1979)은 형식적 지필계산, 머리셈 방법, 그리고 비형식적 계산 방법들 간의 차이점에 대하여 논의하였다(9장 참조).

넷째는 계산기를 활용한 계산 방법이다. 계산기를 활용한 계산에는 수학적 기능과 능력 이외에 다른 측면들이 포함되어 있다(예를 들어, Biehler *et al.*, 1994).

수학적 사실의 기억 및 수학적 기능의 숙달

수학적 사실과 기능의 연습

수학적 사실을 쉽게 기억나게 할 수 있는 가장 분명한 방법은 훈련과 연습이다. 반복적으로 말한다거나 암송하는 것이 여기에 해당할 것이다. 가장 대표적인 예는 구구단을 반복해서 암송하는 것이다. 수학적 사실과 기능에 대한 연습은 임의적이고 서로 연결되지 않으며, 그대로를 반복하는 것으로 기계적 학습에 가깝다.

수학적 사실과 기능을 기계적으로 연습할 때 단점

수학적 사실과 기능 연습의 약점은 지식과 기능의 전이 가능성이 낮다는 것과 특정한 부분을 기억하지 못하면 전체를 수행하지 못한다는 것이다. 예를 들어, 9단 곱셈구구 전체를 술술 암송하면서도 9×7이 얼마냐고 물으면 잘 기억해내지 못하는 아동이 있다. 또는 세 자리 수의 세로셈 덧셈 알고리즘에는 여러 가지 기억해야 할 것들이 포함되어 있다. 이 알고리즘을 기계적인 암기를 통하여 학습했을 때는 사소한 실수를 저질러도 전체 계산을 잘못할 가능성이 크다. 이러한 기계적인 훈련과 연습은 수학에 대한 부정적인 태도를 심어줄 수 있으며, 결국에는 기억에 대한 부담으로 인하여 계속해서 계산 과정을 기억하지 못하게 할 수 있다.

수학적 사실과 기능을 기계적으로 연습할 때 장점

기계적 연습의 장점은 수학적 사실과 기능을 매우 빠르게 기억하게 하며, 기능을 자동화할 수 있게 한다는 점이다. 즉, 의식적인 주의집중이나 반성적 사고 없이도 알고리즘이나 절차를 빠르게 그리고 자동적으로 처리할 수 있다. 더욱이 기계적 훈련과 연습을 통하여 학습된 수학적 사실과 기능이라고 하더라도 나중에 유의미한 지식과 서로 관련지을 수 있다. 즉, 앞에서 언급한 기계적 훈련과 연습의 단점을 극복할 수 있다.

사실을 기억하기 위한 효과적인 기법

예를 들어, SOHCAHTOA[2)]나 BODMAS[3)]와 같은 기억술이 도움이 된다. 이러한 기억술은 의도적으로 단어를 '청킹'하는 것으로, 어떤 사실을 기억하기 쉬운 새로운 단어(또는 문장)로 변형한 것이다.

사실을 기억하기 위한 또 다른 효과적인 기법으로는 기억할 대상을 다른 대체물로 연관짓는 방법이다. 예를 들어, 영국의 마술가 폴 다니엘(Paul Daniels)은 단어를 이미지와 연결해 새로운 단어를 빠르게 학습하는 방법을 제안하였다. 러시아의 유명한 심리학자 루리아(Luria, 1977)는 연상 기호를 통해 기억을 잘하는 사람들에 대한 사례 연구를 수행하였다. 연구결과에 따르면, 기억을 잘하는 사람들은 수백 개나 되는 임의의 대상(물건, 이름, 숫자)을 기억할 때, 길거리에 있는 집들의 현관문에 그것들을 붙여놓았다고 상상하거나, 또는 마치 오래된 책상의 서랍에서 그것들을 꺼내는

---

2) **역자주** 삼각함수의 사인, 코사인, 탄젠트의 의미를 기억하기 위한 기억술로서, 다음의 이니셜을 합성한 단어(SOHCAHTOA)이다. **S**ine; **O**pposite over **H**ypotenuse, **C**osine; **A**djacent over **H**ypotenuse, **T**anget; **O**pposite over **A**djacent.

3) **역자주** 혼합계산의 순서를 기억하기 기억술, 다음의 이니셜을 합성한 단어(BODMAS)이다. **B**rackets, **O**rder, **D**ivision, **M**ultiplication, **A**ddition, **S**ubtraction.

것을 떠올리면서 기억하는 것으로 나타났다. 이상의 두 가지 기억술은 사실들을 기억하는 데 효과적인 방법이다. 사실상 이러한 기법들은 수학적 사실들을 연결하기 위하여 스키마나 개념적 구조를 활용한다. 스키마나 개념적 구조에 대해서는 이 책의 뒷부분에서 좀 더 자세하게 논의할 것이다. 스키마나 개념적 구조는 학습된 지식이 장기기억으로 저장되는 데 중요한 역할을 한다.

기능을 숙달하기 위한 효과적인 기법

기능은 여러 단계의 절차들로 이루어져 있기 때문에, 특정 기능을 수행하기 위해서는 각 단계를 기억해야 하며 다음 단계가 무엇인지를 알고 있어야 한다. 기능의 각 단계는 서로 연결되어 있고 각 단계가 순차적으로 진행되기 때문에 이를 기능 체인(skill chaining)이라고 한다. 기능을 숙달하기 위한 효과적인 기법 중 하나는 분산형 연습이다. 즉, 일정 기간 동안 여러 가지 혼합된 기능을 연습하는 것이다. 이 기법은 여러 가지 기능을 섞어서 학습하는 것으로서, 한 가지 기능만을 주로 연습하는 집중형 연습보다 지식의 파지에 있어서 더 효과가 좋다고 알려져 있다.

분산형 연습이 집중형 연습보다 효과적인 이유는 세 가지가 있다(물론 이 두 가지 기법을 결합하면 더욱더 효과적일 것이다). 첫째, 분산형 연습은 여러 가지 기능을 자주 재생하게 하므로, 학습자의 머릿속을 새롭게 할 수 있으며 결국에는 계속해서 새로운 것들을 기억하게 한다. 둘째, 분산형 연습은 학습자로 하여금 학습된 여러 가지 기능들 중에서 과제를 해결하기 위해 필요한 특정한 기능을 선택하게 한다. 집중형 연습에서는 교사가 시범을 보이면 학습자는 같은 절차를 단순히 반복 연습하기 때문에, 기능의 파지와 숙달 이상을 넘어서지 못한다(Reynolds & Glaser, 1964). 브라운과 퀴헨만(Brown & Küchenmann, 1976, 1977, 1981)이 연이어 발표한 논문에 따르면, 많은 학습자들이 기능들을 알고 있지만 주어진 과제를 해결하는 데 어떤 기능을 적용해야 하는지를 잘 알지 못하는 경향이 있는 것으로 나타났다. 분산형 연습은 이러한 문제점을 해결하는 데 유용한 연습 방법이다. 관련된 개념 및 절차의 이해와 더불어 문제해결 전략의 습득은 이러한 난점을 극복하기 위한 해결책이 될 수 있다(이것에 대해서는 다음 장에서 논의할 것이다).

셋째, 분산형 연습에 대한 아주 중요한 연구가 미국에서 수행되었는데, 이 연구의 핵심 이슈는 수학교과서를 평가하고 분석하는 것이었다. 여러 연구에서 분산형 연습이 학생들의 파지력과 전반적인 수행 능력을 개선하는 것으로 나타났다. Schunert (1951), Laing(1970) 그리고 다른 연구자들의 연구에서도, 분산형 연습으로 학습한 학생들은 집중형 연습으로 학습한 학생들과 비교했을 때 파지력과 수행 능력이 유의미하게 개선된 것으로 나타났다.

오클라호마시티 공립학교에서는 1983년-1984년에 DARES(Daily Assorted Review Set)라고 하는 수학학습 프로그램을 도입하였다. <표 3.2>는 표준화된 수학성취도 검사(주로 산술)에서 백분위 점수로 50% 이상을 획득한 학생들의 비율(%)을 나타낸 것이다.

<표 3.2> 오클라호마시티 공립학교 학생들의 수학성취도 검사 결과

연도	1980-1981	1981-1982	1982-1983	1983-1984	1984-1985
학생들의 비율	45%	46%	46%	52%	55%
1980년-1981년 대비 증가된 비율	0%	2%	2%	16%	22%

이 표에서 제시된 수치는 평균 이상의 점수를 받은 학생들의 비율을 나타낸다. 결과적으로 DARES 프로그램을 도입한 이후, 평균 이상의 점수를 획득한 학생들의 비율이 증가하였다(16%, 22%). 표본의 크기가 큰 점을 감안하다면, 이러한 결과는 매우 유의미한 것으로 볼 수 있다. DARES 프로그램에 대한 자세한 설명과 그 효과에 대해서는 Hartzler(1985, 1988)의 논문에서 찾아 볼 수 있다. DARES 프로그램은 다음과 같은 특징이 있다.

① 연습은 학생들 스스로 한다.
② 일일 학습 세트는 서로 다른 유형의 문제로 이루어졌으며, 학년말 성취도 평가와 마찬가지로 각 유형별로 하나씩 차례대로 배열되어 있다.
③ 과제가 반복되기는 하지만, 매일 다른 유형의 학습과제를 준다.
④ 일일 학습 세트는 긴 것도 있고 짧은 것도 있다.
⑤ 학습 과제는 하루하루 전략적으로 배열되어 있다.
⑥ 학습 과제는 며칠 전, 몇 주 전, 몇 달 전 것도 다룬다.

⑦ 문제들은 칠판, OHP, 교과서에 차례대로 배열되지만, 교과서의 앞 페이지로 되돌아가서 문제를 풀 수는 없다.

DARES는 다음과 같은 장점이 있다.

① 선수 기능에 대한 기억을 되살릴 수 있기 때문에 후속 학습을 용이하게 하고 어려운 개념들을 쉽게 이해하게 된다.
② 학습 주제와 문제 유형들 간의 비교와 대조를 통하여 통찰력 있는 학습이 가능하다.
③ 시험공부를 하는 데 시간을 허비하지 않아도 된다.
④ 학습 주제들 간의 차이점을 매일 연습할 수 있다.
⑤ 학생들은 매일 성공을 경험할 가능성이 높다.
⑥ 해당 학년에서 복습하는 데 시간을 허비하지 않고, 문제해결, 계산기, 컴퓨터 등을 활용하는 데 시간을 보낼 수 있다.
⑦ 학생들은 매 학기 초에 바로 과제에 집중할 수 있다.
⑧ 학습부진 학생들에게 필요한 보충 학습과 연습의 기회를 제공한다.
⑨ 학습 중에도 진단이 가능하며, 특히 학년 중간에 전학 온 학생들에게 도움이 된다.
⑩ 학생들의 진행 과정을 기록함으로써 지역 교육청 소속 교사들 간의 의사소통이 증진될 수 있다. (Hartzler, 1985: 2-3)

이상의 특징과 장점들은 DARES 프로그램의 효과를 분명하게 보여주는 것인데, 이 프로그램의 효과에 대한 주장은 연구자들보다는 여러 학교의 열성적인 교장들로부터 나온다.

분산형 연습이 효과적이라는 데는 의심의 여지가 없지만, 그럼에도 다른 전통적인 수업방식과 비교했을 때, 분산형 연습은 여전히 훈련과 연습에 바탕을 둔 고전적인 수업방식이다. 분산형 연습과 유사한 방식인 'Ten a day' 연습으로 수업을 시작하는 영국의 초등학교 교사들에게 분산형은 매우 익숙한 접근 방법이다.

고등학교 수준에서도 분산형 연습 또는 '점진적 접근' 방법을 수학수업에 적용했을 때 성공적이었다는 연구들이 있다. Klingele와 Reed(1984) 대수학1에 해당하는 수업에 참여했던 학생들 300명을 비교하였다. 실험집단은 분산형 연습에 바탕으로 둔 John Saxon 교재를 사용하였으며, 비교집단은 집중형 연습에 바탕을 둔 전통적인 교과서를 사용하였다. 실험을 시작하기 전에 실시한 사전검사에서 두 집단 사이에는 유의미한 차이가 없었다. 사후검사로는 표준화된 수학성취도 검사를 실시하였다.

한 학기 동안 대수학 수업을 진행한 다음에 실시된 사후검사 결과는 다음과 같다.

〈표 3.3〉 수학 성취도검사 결과

집단	수학성취도 검사	기초 대수학 검사
비교집단	42.6	10.9
실험집단	52.8	12.1

실험집단은 수학성취도 검사에서 비교집단보다 24%, 기초 대수학 검사에서 22% 더 높게 나타났으며, 통계적으로 유의미한 차이를 보였다(유의수준 0.001과 0.05).

이와 더불어 연구자들은 분산형 연습에 바탕을 둔 John Saxon 교재가 'drill and kill' 요소를 갖고 있다는 비판에도 주목하여, 수학에 대한 태도를 측정하기 위한 검사 도구인 Shatkin Mathematics Opinionnaire을 사용하여 수학에 대한 학생들의 태도를 검사하였다. 검사 결과는 다음과 같다.

〈표 3.4〉 수학에 대한 태도 검사 결과

집단	사전 태도 검사	사후 태도 검사	수학에 태도의 변화
비교집단	2.9	2.8	-4%
실험집단	3.1	2.9	-7%

두 집단의 태도 점수는 한 학기가 지난 다음에 낮아졌으며, 실험집단의 태도 점수가 약간 더 감소하였지만, 두 집단 사이에는 통계적으로 유의미한 차이가 없었다. 실험 결과를 요약하자면, 분산형 연습은 전통적인 집중형 연습과 비교했을 때 수학성취도에서는 효과적이었지만, 태도 점수에서는 두 집단 사이에 통계적으로 유의미한 차이가 없는 것으로 나타났다.

이러한 긍정적인 결과에도 불구하고, 분산형 연습이 모든 유형의 학습에 효과적이라는 주장에는 무리가 있다. 스미스(Smith, 1987)는 Saxon 교재(분산형 연습)를 사용한 고등학생 140명과 전통적인 대수학 교재(저자: Dolciani)를 사용한 고등학생 140명을 비교하였다. 스미스는 학생들을 대상으로 7개의 하위검사를 실시하였다. 분산형 연습(Saxon) 교재를 사용한 실험집단은 7개의 하위검사 중 6개에서 더 높게 나타났다. 그러나 전통적 집단은 대수의 정의와 개념 1개의 하위검사에서만 높게 나타났다. 대수의 정의와 이론은 중요한 영역이기 때문에, 스미스는 Saxon 교재는 기능의 숙달에 초점을 둔 나머지 대수의 개념적 영역을 소홀히 다룬 것이라고 결론을 내렸다.

끝으로 기능 학습에서는 학생들이 자기-수정을 할 수 있도록 오류에 대한 피드백의 역할이 강조되어야 한다. 이 점에 대해서는 다음 장에서 자세하게 다룰 것이다.

연결성 교육

연결성을 교육하는 데 있어서 중요한 것은 수학적 사실과 기능이 개념적 구조와 연결되어 있다는 것이다. 연결성은 언뜻 보기에는 빠른 기억이나 자동화에 있어서는 약점이 있는 것처럼 보이지만, 앞에서 언급한 기계적 암기 학습의 약점을 극복할 수 있는 방법이다. 궁극적으로, 기계적 암기보다는 서로 연결되어 있는 관련된 것들을 학습하는 것이 훨씬 더 강력한 지식이 될 수 있다. (물론 확실하게 암기된 수학적 사실은 학습자에게 오래도록 남을 수 있다). 즉 연결성을 학습한 사람은 연상을 통하여 기억해내는 사람과 암기 전문가보다 높은 수준에 있다.

스켐프(Skemp, 1976)는 기계적으로 학습된 수학적 사실 및 기능(어떤 조작을 수행하는 방법에 대한 지식으로서 도구적 이해라고 함)과 상호 연관된 지식(방법에 대한 지식뿐만 아니라 왜 그렇게 되는지를 아는 지식으로서 관계적 이해라고 함)을 비교하였다.

수학적 사실과 기능을 연습하고 숙달하기 위한 효과적인 방법은 수학적 사실과 기능을 커다란 학습 상황의 한 부분으로 자연스럽게 포함시키는 것이다. 가령 탐구활동을 수행하게 하거나 수학문제를 해결하기 위하여 계산기를 사용하면서 수학적 사실과 기능을 연습하고 숙달하게 하는 것이다. 같은 맥락에서 윈터(Winter)가 제시한 연습의 원리를 살펴볼 필요가 있다(Wittman, 1985).

윈터가 제시한 연습의 4가지 원리

문제 중심의 연습

훈련과 반복 연습은 높은 수준의 문제와 관련지어서 이루어져야 한다. 마방진과 같은 높은 수준의 문제를 해결하기 위해서는 특정한 기능을 요하는 작은 단계들이 해결되어야 한다. 따라서 학습자는 연습 활동을 하면서 높은 수준의 사고 과정에 참여할 수 있다.

조작적 연습

학생들로 하여금 규칙을 찾고 통찰력을 갖게 하기 위해서 문제를 조작적으로 변화시켜서 제시해야 한다(예를 들어, 83 − 38, 76 − 67, 39 − 93 등과 같이 수의 자리를 바꾸어 뺄셈하기). 이러한 연습은 문제해결 전략을 개발하는 데 도움이 된다.

응용 중심의 연습

연습은 가능하면 실제 상황과 관련이 있어야 하며 유용한 지식을 개발하는 데 도움이 되어야 한다(예를 들어, 통조림통을 활용하여 비율 학습). 이러한 연습은 의미 형성에 도움이 되며, 실생활 문제와 관련짓게 하고, 수학학습에 대한 동기 및 긍정적 태도를 갖게 한다.

점진적인 도식화(schematization)

먼저 아동들은 자신 자신만의 초보적인 기능을 개발할 기회를 가져야 하며, 그런 다음에 논의를 통하여 그것을 도식화해야 한다(예를 들어, 곱셈 알고리즘). 마찬가지로, 이러한 연습은 유의미 학습과 개념적 구조의 형성에 도움이 된다.

윈터가 제시한 네 가지 원리들이 매우 의미 있는 것이기는 하지만, 이 원리들의 통합적 효과에 대해서는 아직 체계적인 연구가 수행되지 않았다. 그러나 연습의 원리들에 대해서 개별적으로 연구한 연구자들은 많은 편이다(참고: Bruner, 1960; Dienes, 1960, 1970; Skemp, 1976; 네델란드의 현실적 수학 프로젝트; Lange, 1996).

Chapter 4

아동들의 수학적 오류와 계산방법

서론

수학학습의 대부분은 아동들의 행동 뒤에 숨어 있는 정신적 활동이기 때문에, 아동들이 수학을 어떻게 학습하는지를 정확하게 파악하는 것은 매우 힘든 일이다. 아동들이 수학을 어떻게 학습하는지에 대해서는 수많은 이론들이 있지만, 본질적으로는 추측일 뿐이다. 아동들이 무엇을 학습했는지 그리고 아동들의 사고과정이 어떠했는지를 알아보는 한 가지 방법은 그들이 수학을 하면서 범하는 오류를 살펴보는 것이다. 이 장에서는 아동들이 수학을 학습하고 행하면서 범하는 수학적 오류에 초점을 맞추고자 한다. 아동들의 다양한 생각 및 사고과정을 통하여, 우리는 아동들이 수학을 어떻게 학습하는지에 대하여 중요한 정보를 얻을 수 있다.

아동들의 수학적 오류를 분석하는 것은 다른 수학적 활동 못지않게 흥미롭고 가치 있는 일이다. 어떤 것을 오류라고 규정했다면, 정해진 목표를 달성하지 못했거나 절차를 올바르게 사용하지 않았다는 점을 가정하고 있는 것이다. 수학에는 여러 가지 해결방법으로 해결될 수 있는 문제들이 있으며, 정답이 없는 경우도 있고 정답이 여러 개가 있는 경우도 있다. 그래서 이 장의 후반부에서는 아동들의 문제해결과 수학적 탐구에 대해서 살펴볼 것이다. 전반부와 마찬가지로, 후반부에서도 아동들의 다양한 해결방법을 다루겠지만 수학적 창의성에 대해서도 살펴볼 것이다.

아동들의 오류 분석

활동 1: 정형 문제에서 나타나는 오류의 진단

먼저 몇 가지 정형적인 계산 문제에서 나타나는 오류들을 살펴보자. 다음은 5명의 아동들이 자연수의 세로식 뺄셈에서 보인 오류들을 예로 제시한 것이다.

(1) 준기는 뺄셈에서 아래와 같은 오류를 보였다. 준기의 오류 유형은 무엇인가?

A.
$$\begin{array}{r} 3\ 2 \\ -\ 1\ 6 \\ \hline 1\ 6 \end{array}$$

B.
$$\begin{array}{r} 2\ 4\ 5 \\ -\ 1\ 3\ 7 \\ \hline 1\ 1\ 2 \end{array}$$

C.
$$\begin{array}{r} 5\ 2\ 4 \\ -\ 2\ 9\ 8 \\ \hline 3\ 7\ 4 \end{array}$$

D.
$$\begin{array}{r} 1\ 3\ 5 \\ -\ \ 6\ 7 \\ \hline 1\ 3\ 2 \end{array}$$

E.
$$\begin{array}{r} 4\ 5\ 8 \\ -\ 3\ 7\ 2 \\ \hline \end{array}$$

F.
$$\begin{array}{r} 2\ 4\ 1 \\ -\ \ 9\ 6 \\ \hline \end{array}$$

여러분이 찾아낸 오류 유형이 맞는지를 확인하기 위하여, 마지막 두 문제를 준기의 방법대로 풀어보자. 그리고 준기의 오류 유형을 기술하여 보자.

(2) 다음은 연수의 뺄셈 계산이다. 연수의 오류 유형은 무엇인가?

A.
$$\begin{array}{r} 1\ \overset{8}{\cancel{9}}\ \overset{1}{7} \\ -\ \ 4\ 3 \\ \hline 14\ 14 \end{array}$$

B.
$$\begin{array}{r} 1\ \overset{6}{\cancel{7}}\ \overset{1}{6} \\ -\ \ 2\ 3 \\ \hline 14\ 13 \end{array}$$

C.
$$\begin{array}{r} 3\ \overset{7}{\cancel{8}}\ \overset{1}{4} \\ -\ \ 5\ 9 \\ \hline 3\ 2\ 5 \end{array}$$

D.
$$\begin{array}{r} 2\ 7\ 3 \\ -\ \ 3\ 8 \\ \hline \end{array}$$

E.
$$\begin{array}{r} 2\ 8\ 5 \\ -\ \ 6\ 3 \\ \hline \end{array}$$

여러분이 찾아낸 오류 유형이 맞는지를 확인하기 위하여, 마지막 두 문제를 연수의 방법대로 풀어보자. 그리고 연수의 오류 유형을 기술하여 보자.

(3) 세화는 다음과 같은 방법을 뺄셈을 하였다. 세화의 오류 유형을 찾아보고, 마지막 두 문제를 세화의 방법대로 풀어보자.

A. $\begin{array}{rrrr} & 1 & 4 & 7 \\ - & & 2 & 0 \\ \hline & 1 & 2 & 0 \end{array}$ B. $\begin{array}{rrrr} & 6 & 2 & 4 \\ - & 3 & 2 & 3 \\ \hline & 3 & 0 & 1 \end{array}$ C. $\begin{array}{rrrr} & 5 & 2 & 7 \\ - & 3 & 0 & 4 \\ \hline & 2 & 0 & 3 \end{array}$

D. $\begin{array}{rrrr} & 8 & 0 & 5 \\ - & 2 & 0 & 1 \\ \hline & 6 & 0 & 4 \end{array}$ E. $\begin{array}{rrrr} & 4 & 4 & 6 \\ - & 3 & 0 & 2 \\ \hline & & & \end{array}$ F. $\begin{array}{rrrr} & 7 & 6 & 0 \\ - & 2 & 3 & 0 \\ \hline & & & \end{array}$

세화의 오류 유형을 기술하여 보자.

(4) 다음은 단아가 계산한 방법이다. 단아의 오류 유형은 무엇인가?

A. $\begin{array}{rrrr} & & {\scriptstyle 8} & {\scriptstyle 1} \\ & 6 & \not 9 & 3 \\ - & 2 & 4 & 8 \\ \hline & 4 & 4 & 5 \end{array}$ B. $\begin{array}{rrrr} & {\scriptstyle 2} & {\scriptstyle 1} & \\ & \not 3 & 2 & 5 \\ - & 1 & 5 & 1 \\ \hline & 1 & 7 & 4 \end{array}$ C. $\begin{array}{rrrr} & {\scriptstyle 5} & {\scriptstyle 1} & \\ & \not 7 & 2 & 6 \\ - & 3 & 4 & 9 \\ \hline & 2 & 8 & 7 \end{array}$

D. $\begin{array}{rrrr} & {\scriptstyle 2} & {\scriptstyle 1} & \\ & \not 4 & 3 & 4 \\ - & 2 & 7 & 6 \\ \hline & & 6 & 8 \end{array}$ E. $\begin{array}{rrrr} & 4 & 3 & 6 \\ - & 1 & 7 & 2 \\ \hline & & & \end{array}$ F. $\begin{array}{rrrr} & 6 & 2 & 5 \\ - & 3 & 4 & 8 \\ \hline & & & \end{array}$

마지막 두 문제를 단아의 방법대로 풀어보고, 단아의 오류 유형을 기술하여 보자.

(5) 아래와 같은 상미의 뺄셈 방법을 분석해보자.

A.

3 4
~~2~~ ~~5~~
− 2 1
1 3

B.

3 3
~~2~~ ~~4~~ 0
− 2 0 5
1 3 0

C.

4 5
~~3~~ ~~6~~ 3
− 3 4 1
1 1 2

D.

5 6
~~4~~ ~~7~~ 0
− 4 4 3
1 2 0

E.

3 8 5
− 3 2 2

F.

6 4 0
− 6 2 6

마지막 두 문제를 상미의 방법대로 풀어보고, 상미의 오류 유형을 기술하여 보자.

아동들의 계산방법에 대한 논의

(1) 문제 B, C, D에서 준기는 위와 아래를 무시하고 각 자리 수별로 큰 수에서 작은 수를 뺀 것이다. 여러분도 실제 교실에서 이러한 오류를 쉽게 접할 것이다. 이 방법은 한 자리 수 뺄셈에는 적용할 수 있지만, 여러 자리 수 뺄셈에는 적용할 수 없는 방법이다. 준기의 방법을 적용하면, 문제 E = 126이고 문제 F = 255가 될 것이다. 흥미롭게도 준기는 문제 A에 대해서는 같은 방법을 적용하지 않았다. 아마도 크기가

작은 수에 대해서는 32 − 16 = 16 또는 16 + 16 = 32와 같은 덧셈 구구를 사용한 것으로 보인다.

(2) 연수는 받아내림하지 않아도 될 것도 받아내림을 한 것으로 보인다. 즉, 연수는 뺄셈의 분해(decomposition) 알고리즘을 배웠지만 언제 적용하는지에 대해서는 확실하게 알지 못하였다. 또한 일의 자리에 두 자리 수를 써 넣었다(예를 들어, 문제 A에서 17 − 3 = 14). 이것을 보면, 연수는 자릿값의 개념을 확실하게 이해하지 못하였다는 것을 알 수 있다. 연수의 방법대로 계산하면, 문제 D = 235이고 문제 E = 2112가 된다.

(3) 세화는 받아내림이 없는 뺄셈은 정확하게 계산하였지만, 0이 포함된 문제에서는 오류를 범하였다. 세화는 문제 A에서 7 − 0 = 0으로, 문제 C에서 2 − 0 = 0으로 계산하였다. 세화는 곱셈에서 0의 역할(예, 7 × 0 = 0, 2 × 0 = 0)을 뺄셈에도 그대로 적용한 것 같다. 이것은 곱셈에서 0이 특별한 역할을 한다는 점에서 결코 놀라운 것은 아니다. 세화는 0의 특별한 역할을 기억했지만, 그것을 혼동했을 것이다. 세화와 같은 방법으로 계산하면, 문제 E = 104이고 문제 F = 530이다.

(4) 단아는 십의 자리나 백의 자리에서 한 번 받아내림하는 것은 정확하게 할 수 있다. 그러나 연속해서 두 번 받아내림을 해야 하는 경우에는 십의 자리에서 일의 자리로 정확하게 받아내림을 했으나, 백의 자리에서 십의 자리로는 틀리게 받아내림을 했다. 단아는 십의 자리에서 받아내림하는 것과 백의 자리에서 받아내림하는 것을 혼동해서 백의 자리에서 두 번 받아내림을 한 것으로 보인다. 단아의 방법대로 계산하면, 문제 E = 264이고 문제 F = 187이다.

(5) 상미의 방법을 이해하는 데는 시간이 좀 걸린다. 외형상으로 보면, 상미는 왼쪽에서 오른쪽으로 계산한 것 같다. 연수와 마찬가지로, 상미도 받아내림을 혼동한 것으로 보인다. 즉, 높은 자리는 하나 올리고, 낮은 자리는 하나 내리는 방법을 적용하였다. 또한 마지막 세로줄(일의 자리)에서 음수가 나오는 경우에는 0으로 적었다(문제 B에서 0 − 5 = 0, 문제 D에서 0 − 3 = 0). 상미의 방법대로 하면, 문제 E = 153이고 문제 F = 110이 된다.

오류가 의미하는 것은 무엇인가?

우리는 아동들의 오류 유형을 통하여 그들의 사고 과정에 대하여 많은 것을 알 수 있다. 첫째, 오류는 분명히 체계적이며 정확한 절차가 일관성 있게 적용되고 있다. 오류에서 나타나는 체계적인 규칙을 보면, 그들의 오류를 단순히 실수나 부주의로 인하여 나타난 것이라고 볼 수는 없다. 이것은 오류의 유형이 체계적이라는 여러 연구자들의 연구결과(Ashlock, 1976; Ginsburg, 1977; Lankford, 1972; Resnick & Ford, 1984)와 일치하는 것이다.

둘째, 아동들은 자신이 옳다고 생각하는 자기 자신만의 잘못된 뺄셈 절차를 구성한 것으로 보인다. 아동들은 배운 절차를 기억 속에 그대로 저장하지 않는다(준기, 연수, 상미는 이전에 분해 알고리즘을 분명히 배웠다). 즉, 그들은 배운 것과는 다르게 받아들이고 자기 자신만의 방식대로 그것을 재구성한다. 다시 말해서 아동들은 자신만의 독특하고, 독창적인 방식으로 자신의 지식(여기서는 뺄셈 알고리즘)을 재창조한다. 이렇게 구성된 지식의 독창성은 그들이 구성한 지식이 정확하지 않음에서 찾을 수 있다. 아동들이 이러한 절차를 누군가로부터 배웠을 것이라고 생각하는 것은 터무니없는 주장이다. 아동들은 그들 스스로 그러한 계산 절차를 창안한 것이다.

위의 예들과 논의들은 학습에 대한 구성주의적 관점을 보여주는 것이다. 아동들은 교실 또는 다른 환경에서의 경험과 이전의 지식을 바탕으로 자기 자신의 지식을 능동적으로 구성한다.

아동의 수학적 지식의 구성에 관한 전통적인 사례 연구는 미국의 스탠리 에르랑거(Stanley Erlwanger, 1973)에 의하여 수행되었다. 에르랑거는 IPI Mathematics(Individually Prescribed Instruction)라고 하는 개별처방식 수업 프로그램을 성공적으로 완수한 '베니'라는 소년을 면담하였다. 그는 베니가 유도한 독특하지만 잘못된 수학적 개념과 규칙들을 찾아냈다. 베니가 갖고 있는 수학적 개념은 개별처방식 수업을 통한 수학학습 경험으로부터 형성된 것이다. 베니가 구성한 많은 개인적 지식은 부정확하고 잘못된 것임에도, 평가에서 60-70%의 점수를 획득하였으며, 담당 교사와 보조 교사로부터 어떤 문제점도 지적받지 않았다. 영국의 많은 아동들이 개별화된 프로그램으로 수학을 배운다. 얼마나 많은 아동들에게 베니와 같은 일이 일어나고 있을까?

한 가지 오류 더 살펴보기

베니가 발견한 잘못된 규칙 중 하나는 '분수의 덧셈을 할 때, 분수의 위의 것끼리 더하고 아래 것끼리 더하는 것'이었다. 이것이 바로 분자끼리 더하고 분모끼리 더하는 오류(Adding Numerators and Denominators, AND)로서, $\frac{a}{b}+\frac{c}{d}=\frac{a+c}{b+d}$ 으로 나타낼 수 있다. 이것은 교실에서 흔히 볼 수 있는 잘 알려진 오류이다. 캐스 하트(Kath Hart, 1981)는 많은 아동들이 이러한 오류를 갖고 있다고 보고한 바 있다. 〈표 4.1〉은 그의 연구결과를 나타낸 것이다.

〈표 4.1〉 분수 과제에 대한 아동들의 반응

과제 유형		아동의 반응	12세	13세	14세	15세
계산 문제	$\frac{1}{3}+\frac{1}{4}=?$	오류: $\frac{1}{3}+\frac{1}{4}=\frac{2}{7}$	18%	29%	22%	20%
	$\frac{3}{8}+\frac{2}{8}=?$	오류: $\frac{3}{8}+\frac{2}{8}=\frac{5}{16}$	9%	20%	14%	17%
		정답: $\frac{3}{8}+\frac{2}{8}=\frac{5}{8}$	78%	66%	72%	68%
문장제	빵을 만드는 데 밀가루의 $\frac{3}{8}$을 썼고, 케이크를 만드는 데 밀가루의 $\frac{2}{8}$를 썼다. 밀가루의 얼마를 썼는가?	오류: $\frac{3}{8}+\frac{2}{8}=\frac{5}{16}$	5%	7%	7%	6%
		정답: $\frac{3}{8}+\frac{2}{8}=\frac{5}{8}$	77%	73%	81%	77%

첫째, 초등학교에서 오랫동안 분수를 배웠음에도, 많은 아동들이 AND 오류를 갖고 있는 것으로 나타났다. 1200명의 아동을 대상으로 검사를 실시했는데, 이들 중 10%~30%의 아동들이 정형적인 분수 계산에서 이러한 오류를 범하였다.

둘째, 문장제 상황(밀가루 문제와 같이)으로 분수 덧셈을 제시했을 때는 기계적인 계산 절차나 규칙을 그대로 적용하는 아동들이 다소 줄어들었다. 아동들은 일상생활의 경험과 관련지어서 문제를 보려고 하였으며, 비형식적 추론을 통하여 문제를 해결하고 하였다. 예를 들어, 밀가루 봉지의 $\frac{3}{8}$과 $\frac{2}{8}$를 기호로만 생각하지 않고 심적 이미지나 그림으로 그려서 생각하였다. 결국 계산 문제로 제시되었을 때 9%~20%였던 AND 오류는 5%~7%로 줄어들었다.

영국의 Assessment of Performance Unit(1985)에서 대규모의 학생들을 대상으로 분수 덧셈에 대한 오류 검사를 실시한 결과, 가장 많이 나타난 오류는 AND 오류였다. 또한 다음과 같이 분수 덧셈의 유형에 따라 오류의 정도에 차이가 있었다.

- **분모가 같은 경우**: 11세와 15세 학생들 모두 10% 정도가 오류를 보임.
- **분모가 다르지만 익숙한 경우**($\frac{1}{2}$, $\frac{1}{4}$, $\frac{1}{8}$): 11세 학생들은 15%, 15세 아동들은 10% 정도가 오류를 보임.
- **분모가 다르고 익숙하지 않은 경우**: 11세 학생들은 25%, 15세 아동들은 15% 정도가 오류를 보임.

결국 분수가 복잡하거나 익숙하지 않은 분수일수록 분수 덧셈 규칙을 기억하거나 적용하는 데 어려움이 있는 것으로 나타났다.

이상의 연구결과를 종합하면, 아동들은 분수가 복잡해질수록 분수의 계산 규칙을 잘 기억하지 못하며, 베니가 그랬듯이 자기 나름대로 계산 규칙이나 절차를 만들어 낸다. 가장 놀라운 점은 자기 스스로 잘못된 AND 규칙을 만들어낸 아동이 11세에서 25%에 이른다는 것이다. 분수 덧셈의 과정에 대한 이해 부족, 훨씬 더 쉬운 분수 곱셈 규칙($\frac{a}{b} \times \frac{c}{d} = \frac{ac}{bd}$)과의 혼동으로 인하여 이러한 현상이 발생했을 것이라고 생각할 수도 있다. 끝으로 AND 오류에 대한 흥미로운 점은 이러한 오류가 상위 학생들에게서는 거의 나타나지 않지만, 중위 학생으로 갈수록 급격하게 증가하며 하위 학생들에게서는 빈번하게 나타난다는 것이다.

활동 2: 비정형 오류에 대한 진단

아래에는 비정형의 수학 문제 2개와 그것에 대한 학생들의 해결방법을 제시하였다. 각각의 문제를 풀어보고, 학생들이 문제를 어떻게 풀었는지 그리고 무엇이 잘못되었는지를 검토해보자.

문제 1	사과, 딸기, 키위, 망고, 바나나 5가지 과일 중에서 두 가지를 골라서 과일 주스를 만들려고 한다. 몇 가지 종류의 주스를 만들 수 있는가?

11세 학생 3명의 해결방법은 다음과 같다(정답은 10). 어떤 오류가 있는지 찾아보고, 왜 그런 오류가 발생했는지 생각해보시오.

A. 사딸 사키 사망 사바 바망
딸키 딸망 딸바 딸사 키망 키바 답 = 11

B.

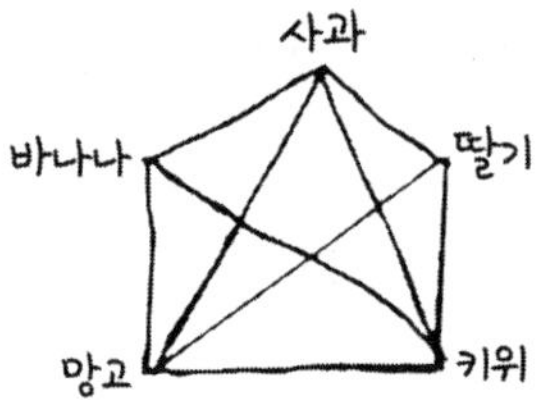

답 = 9

C. 5 + 4
첫 번째 선택 두 번째 선택 정답 = 9

문제 2	여섯 명이 리그전으로 체스 게임을 하려고 한다. 2명이 한 게임을 한다면, 모두 몇 게임을 해야 하는가?

12세 학생 4명의 해결방법은 다음과 같다(정답은 15). 어떤 오류가 있는지 찾아보고, 왜 그런 오류가 발생했는지 생각해보시오.

A. 6×5 (혼자서는 게임을 할 수 없기 때문에) 답 = 30게임

B.
6
5
4 = 21게임
3
2
1

C.

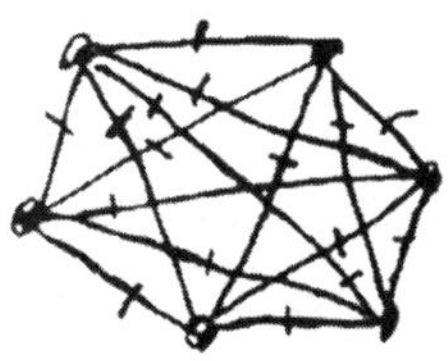

답 = 16게임

D. 15게임

아동들의 수학적 오류

지금까지 아동들의 수학적 활동의 예들을 살펴보았으며, 아동들이 어떻게 생각하는지에 대한 증거들을 제시하였다. 특히 자연수와 분수의 연산에서 아동들이 갖고 있는 오류의 예들을 살펴보았다. 그런데 이러한 오류는 실수 또는 부주의로 인하여 발생하는 것이 아니라, 불완전하게 형성된 개념(자릿값이나 분수의 개념과 같은), 부정확한 절차(세로셈 뺄셈이나 분수 덧셈), 비정형 문제의 부정확한 표현이나 처리 과정으로 인하여 발생하는 것이다. 이러한 오류들을 분석함으로써, 우리는 아동들이 자신만의 독특한 방식으로 지식(개념적 지식이나 절차적 지식)을 구성한다는 사실을 확인할 수 있었다. 아동들은 이러한 구성의 과정을 통하여, 학습과정에서 나타나는 틈을 자신이 만들어낸 지식으로 채울 것이다. 따라서 오류는 아동들이 어떻게 생각하고 있는지를 파악하는 데 도움이 될 뿐만 아니라, 아동들이 다양하게 그리고 창의적으로 생각한다는 증거가 될 수 있다.

결국 아동들은 이전의 지식을 바탕으로 다양한 경험과 사회적 상호작용을 통하여 자기 자신만의 의미와 이해를 구성한다는 점을 알 수 있었다. 이것이 바로 최근 널리 인정되고 있는 구성주의 학습이론이다.

아동이 자신의 지식과 이해를 구성한다는 증거는 어린 아기들의 학습에서도 찾을 수 있다. 어린 아기들은 학습하는 능력을 제외하고는 아무런 지식도 갖지 않은 채 태어난다. 아기들은 이러한 학습 능력을 바탕으로 모국어를 이해하기 시작한다. 즉, 아기들은 자신의 개념과 지식을 만들어내야만 한다. 모국어의 경우와 마찬가지로, 아동들도 자신의 수학적 개념을 구성해야 한다. 여기서 중요한 점은 수학적 지식이 아동들에게 직접적으로 주어지거나 전수될 수 없다는 것이다. 교사(또는 부모)가 할 수 있는 일은 아동들이 수학적 지식을 구성할 수 있는 기회를 마련해주는 것이 전부이다. 아동들이 구성한 지식이 교사가 의도한 개념과 절차에 부합하지 않은 때가 바로 앞에서 살펴봤던 오류가 발생하는 경우이다.

학습과정에서 오류는 필수불가결한 것이라는 점을 다시 강조할 필요가 있다. 어떤 개념을 학습하기 위해서는 그 개념이 적용되는 부분과 적용되지 않는 부분의 경계를 구분할 필요가 있다. 개념을 정의하는 데 있어서 예가 아닌 것(non-example)에 개념을 적용한다면, 오류가 발생할 것이다. 그러나 이러한 오류는 개념 형성에 있어서 필수적이다. 같은 관점에서, 시행착오는 본질적으로 오류를 포함하고 있지만 매우 중요한 문제해결 전략이다. 즉, 오류는 학습에서 필수적인 것이다. 학습자의 지식에서 독창적이고 개인적인 특징을 제거해내는 것은 불가능하다. 학습자의 개인적 지식과 공식적인 수학적 지식 사이의 틈을 메워주는 것이야말로 성공적인 학습결과를 이끌어 낼 수 있다.

학습과정에서 오류가 필요함에도, 오류는 매우 잘못된 것으로 비난을 받는 경우가 있다. '오류' 하면 떠오르는 동의어는 실패, 잘못된 결과, 실수, 결점, 잘못, 위반, 나쁜 행동 등이다. 아동들은 실수를 한 것에 대하여 부끄러워하며, 때로는 실수한 것을 없애려고 문제집에서 그 페이지를 찢어버리기도 한다. 이것은 교육적으로 심각한 문제가 될 수 있으며, 수학학습의 목표와 방법을 혼동하고 있는 것이다. 아동들의 학습활동은 학습목표에 도달하기 위한 수단일 뿐, 목표는 수학을 학습하는 것이다. 중요한 것은 그러한 오류 발생에 대한 부담을 떨쳐버리는 것이다. 오류가 발생한다고 해도 그것을 바탕으로 해서 수학적 지식, 기능들이 발전할 수 있다.

아동들의 오류에 대한 비판적인 시각은 수학에 대한 잘못된 관점에서 출발한다. 즉, 수학은 옳고 그름이 분명한 학문이며, 정확하고 확실한 것만을 추구한다는 생각이 그것이다. 이러한 관점은 수학교육에 자신감이 부족한 교사들에게서 주로 나타난다. 이러한 교사들은 아동들이 실수나 오류를 범했을 때, 교사가 지적하거지 않거나 바로 고쳐주지 않으면 그 실수나 오류는 깊게 뿌리박혀서 영원히 계속될 것이라고 걱정을 한다. 궁극적으로 오류는 수정되어야 하겠지만, 자신감이나 태도가 더 심각한 문제가 될 수 있다. 아동들은 교사나 다른 연구자들이 갖고 있는 오류에 대한 부정적인 태도를 재빨리 인식하여 오류를 숨기려고 하거나 창피해하며, 나중에는 어려운 수학에 도전하지 않게 된다. 따라서 아동들과 교사들 모두 오류를 비난하거나 숨기지 않고 공개적으로 인정하고 수용하는 태도를 가져야 한다. 그렇지 않다면, 창의적인 문제해결과 같이 오류의 위험이 수반된 수학 활동은 일어날 수 없을 것이다. 지식의 획득과 학습에 있어서 오류의 필요성을 인정하는 이러한 관점은 여러 문헌에서도 널리 인정되고 있다(Askew & Wiliam, 1995; Novak, 1987).

아동들의 수학적 오류 분석

아동들의 수학적 오류는 일반적으로 임상적 면담이라고 하는 연구방법으로 분석된다. 임상적 면담에서 연구자는 아동들에게 특정한 과제를 주고 해결하게 한 다음, 아동들에게 그것을 어떻게 해결했는지에 대해서 질문을 한다. 이를 통하여 아동들이 갖고 있는 수학적 개념들을 살펴볼 수 있다. 임상적 면담은 피아제(Piaget)의 선구적인 연구 이래로 구성주의 연구자들이 적용한 연구방법이다.

임상적 면담을 실시하는 과정에서, 아동의 지필 활동과 면담 내용을 녹화하면(비디오 또는 오디오로) 나중에 치밀한 분석을 하는 데 도움이 된다. 녹화하는 대신에 메모로 기록하는 것도 가능하지만, 면담자와 아동 모두 주의가 산만해질 수 있다. 또한 아동이 실제로 말한 것을 분석하는 것이 훨씬 더 효과적이다.

임상적 면담이 성공적으로 이루어지기 위한 가장 중요한 요건은 학생들에게 제시할 과제를 제대로 개발하는 것이다. 학생들의 생각을 충분히 이끌어내고 밝히기 위해서는 그들이 자신의 생각을 다양하게 표현할 수 있는 적절한 과제가 필요하다. 예를 들어, 학생들의 수 기능을 분석하기 위한 과제는 ① 형식적 계산 ② 문장제 ③ 구두 ④ 교구나 구체적 조작물 ⑤ 계산기나 컴퓨터 ⑥ 그림이나 도표 등으로 제시될 수 있다. 다양한 형태로 제시된 과제에 대한 학생들의 반응을 조사함으로써, 과제에 대한 성취도만을 알아보는 것이 아니라 개념적 이해와 배경이 되는 능력을 심도 있게 분석할 수 있다. 임상적 면담을 통해서는 학생들이 갖고 있는 오류나 오개념을 찾을 수 있으며, 서로 다른 유형의 과제를 제시했을 때 학생들이 보이는 반응의 차이를 분석할 수도 있다.

학생들의 이해를 분석하는 데 임상적 면담과 함께 진단 검사를 사용할 수도 있다. 많은 진단 검사가 출판되었다. 예를 들어, 영국의 NFER(National Foundation for Educational Research)에서 발간한 진단 검사는 하트(Hart, 1981)의 연구에서 사용되었으며, NFER-Nelson(1985)에서는 11-16세 학생용 Chelsea Diagnostic Mathematics Tests를 개발하였다.

그러나 주의할 점이 있다. 진단 검사라는 이름으로 발표된 많은 테스트들이 성취도 평가인 경우가 많다. 테스트에 포함된 과제의 수가 많을수록 아동들의 이해에 대한 심도 있는 분석이 어려워진다. 진단 검사에 대한 참고문헌들은 Underhill *et al.*(1980)에 실려 있다.

아동들의 수학적 오류, 오개념, 해결방법에 대한 연구들은 많이 있다. 참고할 만한 연구들은 다음과 같다. Ashlock(1976); Assessment of Performance Unit(1979-1981, 1985, 1991); Booth(1982); Brwon & Küchenmann(1976-1981); Dickson *et al.* (1984), Ginsburg(1977); Hart(1978); Hughes(1986); Kent(1978, 1979); Lankford (1972), Larcombe(1985); Rees & Barr(1984); Resnick & Ford(1984); Thyne(1954); Ward(1979).

Attisha & Yazdani(1984), Bright(1984), Carpenter *et al.*(1982), Whetton & Hagues(1985)는 아동들의 오류와 잘못된 알고리즘 및 절차에 관하여 이론적 분석을 하였다. Brown & Burton(1978)은 기본적인 수학적 기능에서 나타난 절차적 오류를 분석하기 위하여 컴퓨터 프로그램을 활용한 진단적 모델을 제시하였다. Brown & Van Lehn(1982)과 Van Lehn(1983)은 학습과정에서 오류 유형이 어떻게 만들어지고 수정되는지에 관하여 인지과학에 기초한 '수정 이론(repair theory)'를 제안하였다. Brown & Van Lehn(1982)은 이 이론을 활용하여 자연수 뺄셈에서 나타나는 13개의 공통적인 오류 유형을 찾아냈다(〈표 4.2〉 참조). Barclay(1980)는 아동들이 자신의 계산 실수를 찾아내게 하는 활동을 제시하기도 하였다.

수학적 오류를 극복하기 위한 교육

Booth(1985), Hart(1985) & Kerslake(1985)는 '중등수학의 전략 및 오류(Strategies and Errors in Secondary Mathematics, SESM)'라고 하는 연구 프로젝트를 수행하였다. 이 프로젝트에서는 대수, 비와 분수에서 나타나는 공통적인 오류를 찾아낸 다음에 그러한 오류를 예상하고 수정할 수 있는 교육 프로그램을 개발하여 학생들에게 투입하였다. 연구결과는 대체로 긍정적이었다.

이들 연구에서 사용된 방법은 앞에서 논의한 진단적 교수법으로서, 알란 벨(Alan Bell)과 그의 동료들이 개발한 접근방법과 같은 것이다(예를 들어, Bell, 1989). 이러한 접근방법의 주요 특징은 다음과 같다.

〈표 4.2〉 뺄셈에서 나타는 '오류(bug)' 유형(Brown & Van Lehn, 1982)

1) 바로 왼쪽에 있는 자리에서 받아내림을 해야 하는데, 가장 왼쪽에 있는 자리 수에서 받아내림을 함. (예) 7 3 3 − 2 1 6 4 2 7	8) 0에서 받아내림을 해야 하는 경우, 큰 수에서 작은 수를 뺌. (예) 3 0 6 − 8 = 3 0 2 3 0 6 − 1 4 8 = 1 6 2
2) 받아내림을 해야 하는 경우, 십의 자리를 건너 띄고 바로 백의 자리를 계산함. (예) 4 2 5 − 2 8 3 2 2	9) 0에서 받아내림을 해야 하는데, 받아내림을 하지 않음. (예) 4 0 4 − 2 7 2 2 7
3) 십의 자리 0에서 받아내림을 해야 하는 경우, 십의 자리를 건너 띄고 바로 백의 자리를 계산함. (예) 5 0 7 − 2 4 1 3 6	10) 감수에 빈칸이 있는 경우, 그 열의 피감수에서 감수의 가장 왼쪽 자리의 수를 뺌. (예) 4 3 6 9 − 2 2 2 1 4 7
4) 가장 왼쪽 열에서만 받아내림을 함. (예) 6 2 6 2 − 4 4 4 4 1 8 2 8	11) 받아내림을 해야 하는 경우, 정확하게 받아내림을 하지만 답을 0이라고 씀. (예) 6 5 − 4 8 1 0
5) 0에서 받아내림을 해야 하는 경우, 계산을 멈춤. (예) 8 0 3 5 − 2 6 6 2 3	12) 받아내림을 하지 못하고, 답을 0이라고 씀. (예) 4 2 − 1 6 3 0
6) 받아내림을 해야 할 경우, 계산을 멈춤. (예) 8 3 3 − 2 6 2 1	13) 0에서 받아내림을 해야 하는 경우, 받아내림을 해야 하는 열에 답을 0이라고 씀. (예) 7 0 2 − 8 = 7 0 0 7 0 2 − 3 4 8 = 3 6 0
7) 0에서 받아내림을 해야 할 경우, 0을 10으로 바꾸어 계산함. (예) 5 0 6 − 3 1 8 1 9 8	

① 연구(또는 문헌 연구)를 통하여 특정한 수학 주제에 대한 핵심 개념과 주된 오개념이나 오류를 확인한다.
② 오개념이나 오류를 갖고 있는 학생들로부터 틀리거나 잘못된 반응을 이끌어낼 수 있는 활동을 계획하고, 학생들의 반응이 정확한 응답에서 벗어나는지 확인한다.
③ 학급을 협력집단으로 구성하여 학생들이 서로 논의함으로써 공유된 정답을 이끌어낼 수 있도록 한다.
④ 학급전체에게 각 협력집단의 논의 결과를 발표하게 하고, 학급 전체가 그것에 대하여 논의하게 한다. (이때 교사는 편견을 갖지 말고 공정하게 진행해야 하며, 학생들의 모든 의견을 수용하되 힌트를 주거나 고쳐주려고 하지 말아야 한다).

이러한 접근방법의 목표는 학생들에게 과제에 대한 다양한 해결방법을 접하게 하고 자신의 해결방법을 친구들에게 관철하거나 정당화하게 함으로써, 학생들 사이에 인지적 갈등을 유발하고자 하는 것이다. 학습자들에게 그러한 갈등 상황을 제시하면, 일반적으로 그들은 갈등 상황을 의식적이든 무의적이든 해결하려고 시도한다. 즉, 이 진단적 접근방법은 학생들의 개념적 이해에 변화를 촉진하고, 개념적 구조와 지식을 재구성하는 데 매우 효과적일 수 있다.

벨(Bell, 1989)도 진단적 교수법을 제안하였으며, 여러 연구를 통하여 그 효과를 입증하였다. 벨의 진단적 교수법을 실험집단에 투입하였을 때, 관련된 수학 주제에 대한 수행 능력 및 이해에 매우 효과적이었으며 추이 사후검사에서도 그 효과가 지속되었다.

다른 연구자들은 구성주의에 기반을 둔 교수·학습 프로그램인 인지적 갈등 수업을 개발하였다. 이 인지적 갈등 수업은 학생들의 해결방법, 오류, 개념 및 오개념, 또는 대체 프레임워크로부터 시작한다. 드라이버와 올덤(Driver & Oldham, 1986)은 인지적 갈등에 기초한 구성주의적 과학 수업 모델을 개발하였다([그림 4.1]).

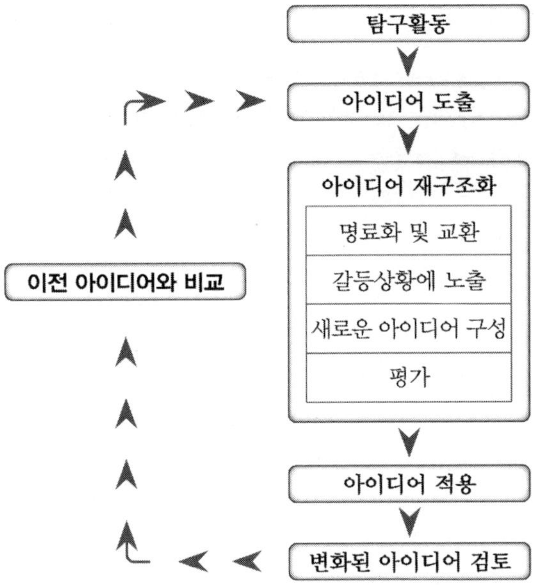

[그림 4.1] 인지적 갈등에 기초한 구성주의적 수업 모델

인지적 갈등 수업은 5단계로 진행된다. 즉, 도입, 아이디어 도출, 아이디어 재구조화, 아이디어 적용, 변화된 아이디어 검토. 도입 단계에서는 학생들에게 학습 주제에 대한 동기부여를 한다. 개념의 도출은 학생들이 자신의 아이디어나 방법을 명시적으로 드러내는 단계이다. 다음 단계는 개념의 재구조화 단계로서 서로 다른 관점들이 등장한다. 일단 학생들의 아이디어나 해결방법이 다른 사람들에게 공개되면, 논의를 통하여 명료화되고 교환이 일어난다. 또한 논의된 의미와 해결방법이 더욱더 명료해지면, 또 다른 관점들이 자연스럽게 등장하여 논의의 대상이 된다. 또는 다른 방식으로, 교사가 갑작스럽게 시범을 보일 수도 있는데, 이때 학생들이 그것을 잘 이해하지 못하면 불일치를 겪게 되고 결국에는 의도적인 갈등 상황에 놓이게 된다. 학생들은 이러한 갈등을 해결하고 극복하기 위하여 새로운 아이디어를 구성하거나 재구성해야 할 필요가 있다. 또한 새로운 아이디어가 적절한지 평가한 다음에, 아이디어의 재구조화 단계를 끝낼 수 있다.

적용 단계에서는 아이디어와 해결방법을 강화하고 확고하게 하기 위하여 친숙한 상황이나 새로운 상황에 그것들을 적용한다. 마지막 검토 단계에서는 개념이 어떻게 변화되었지 검토해보고, 새로운 아이디어와 해결방법을 처음에 가졌던 것들과 비교

해본다. [그림 4.1]에 제시한 바와 같이, 마지막 단계에서 두 번째 단계로 되돌아가도록 연결되어 있다.

이 인지적 갈등 수업 단계는 앞에서 설명한 알란 벨과 그의 동료들이 적용했던 진단적 수업 방법과 거의 같다.

Chapter 5

수학적 개념과 구조의 학습

아동들의 문제해결 전략과 창의적 사고뿐만 아니라 수학적 오류와 오개념을 살펴보면, 아동들은 교사로부터 전달받은 지식을 단순히 채워 넣는 그릇이 아니라는 것을 알 수 있다. 이와 반대로 아동들은 **자신만의 독특한 방식**으로 자신의 지식을 구성한다. 이들은 다양한 경험과 사회적 상호작용을 바탕으로 하여 의미와 이해를 구성한다. 이러한 경험과 사회적 상호작용은 학교에서 이루지는 것으로 국한되지 않는다. 아동들의 지식은 교사가 의도한 것과 다르게 구성되기도 한다. 즉, 아동들에게 어떤 특정한 지식이 형성되기를 기대했지만, 때로는 매우 독특하고 이상한 지식이 형성되기도 하고, 수학적 오류나 오개념이 나타나기도 한다. 아동들이 문제를 해결하는 상황에서도 우리가 예상하지 못했던 독창적인 전략이나 창의적인 사고가 나타나기도 한다. 아동들이 자신의 지식을 구성한다는 학습에 대한 이러한 관점은 구성주의로 알려져 있다.

활동	112−89를 머리셈으로 계산하고, 어떻게 계산했는지 쓰시오.

대부분의 사람들은 다양한 비형식적인 암산 방법을 사용한다. 위의 문제를 해결하는 데는 여러 가지 방법이 있지만, 우선 아래와 같은 다섯 가지 방법을 생각해보자.

- 89, 99, 109, 110, 111, 112, ⋯ = 23 (10씩 이어서 센 다음 나머지 일의 자리를 더한다)
- 89, 99, 109, 112, ⋯ = 23 (앞의 방법과 유사하지만 109에서 112를 바로 센다)
- 89에서 100 = 11, 100에서 112 = 12, 11 + 12 = 23
- 112에서 100 = 12, 100에서 89 = 11, 12 + 11 = 23
- 89, 90, 100, 110, 112 = 1 + 10 + 10 + 2 = 23

이상의 다섯 가지 비형식적 방법을 보면, 간단한 뺄셈을 할 때조차도 자기 자신만의 독특한 방법이나 전략을 사용하고 있음을 알 수 있다. 세로셈 방법과 달리, 이러한 방법들은 누가 가르쳐준 것이 아니다. 다시 말해서, 자기 자신만의 독특한 방법과 전략을 창의적으로 생각해낸 것이다. 이러한 독특하고 창의적인 계산 방법은 특히 계산의 달인이나 뇌 손상을 입은 사람들에게서 찾아볼 수 있다. 이들은 간단하고 새로운 방법으로 계산하기도 하지만, 독특하고 새로운 계산방법을 창안해내는 경우도 있다.

아동의 수 개념 이해

영국 킹스 칼리지의 브렌다 덴버(Brenda Denvir)와 마거릿 브라운(Margaret Brown) 교수는 수 세기로부터 시작하여 받아내림(즉, 고쳐묶기)이 있는 두 자리 수의 뺄셈으로 발달하는 아동들의 초기 수 개념을 분석하고 학습 위계를 작성하는 연구를 수행하였다(Denvir & Brown, 1986a, 1986b). 이 연구에 따르면, 특정한 개념과 기능은 다른 개념 및 기능들과 연결되어 있기 때문에 개념과 기능들은 학습되어야 할 순서가 있다는 것이다. 이러한 학습 위계에서 서로 관련된 요소들을 분석한 예는 〈표 5.1〉과 같다.

연구자들은 아동들이 받아내림(즉, 빌려오기 또는 십의 자리 1을 일의 자리 10개로 분해하기)이 있는 두 자리 수의 뺄셈을 수행하는 데 필요하다고 생각한 모든 기능들을 [그림 5.1]과 같이 나열하였다. 이어서 연구자들은 나열한 기능들을 위계적으로 제시하였다. 즉, 화살표는 기능을 의미하고, 점선은 기능들 사이에 강력한 연관성이 있음을 나타낸다. [그림 5.1]은 연구자들이 가정한 수와 기능들의 복잡한 구조를 보여주고 있다. 간단한 기능들은 네트워크 아래쪽에 위치하고 있으며, 화살표의 방향은 학습 순서를 의미한다. 이러한 위계는 이론적인 논리적 분석을 통하여 작성되었기 때문에, 아동들이 반드시 이러한 순서로 학습하는 것은 아니다.

〈표 5.1〉 받아내림이 있는 두 자리 수의 뺄셈에 필요한 기능들(어려운 순서대로 나열)

3	받아내림이 있는 두 자리 수 '구잔(나머지 구하기)' 뺄셈을 머리셈으로 할 수 있다
6	곱셈구구를 이용하여 '등분제' 나눗셈을 할 수 있다
47	'구차(차이 구하기)' 문장제를 뺄셈으로 인식할 수 있다
4	받아내림이 있는 두 자리 수 '구잔' 뺄셈을 교구를 이용하여 모델링할 수 있다
45	집합의 포함관계를 확실하게 이해할 수 있다
7	받아내림이 없는 두 자리 수 '구잔' 뺄셈을 머리셈으로 할 수 있다

5	곱셈구구를 이용하여 곱셈 문장제를 해결할 수 있다
2	받아내림이 있는 두 자리 수 덧셈을 머리셈으로 할 수 있다
20	'구잔' 뺄셈을 거꾸로 세기/위로 세기/아래로 세기로 해결할 수 있다
33	부분 집합을 셀 수 있도록 묶을 수 있다
15	동수누가/동수누감을 활용하여 '등분제' 나눗셈을 해결할 수 있다
46	집합의 포함관계를 부분적으로 이해할 수 있다
12	유도된 구구를 이용하여 덧셈을 할 수 있다
8	받아내림이 없는 두 자리 수 덧셈을 머리셈으로 할 수 있다
24	두 자리 수를 10씩 이어서 셀 수 있다
25	두 자리 수를 10씩 거꾸로 셀 수 있다
34	서로 다르게 묶여진 집합을 양적으로 비교할 수 있다
9	두 자리 수에서 10을 뺀 결과를 알 수 있다
10	두 자리 수에 10을 더한 결과를 알 수 있다
1	받아올림이 있는 두 자릿수 덧셈을 교구를 이용하여 모델링할 수 있다
17	수 결합을 안다
26	수직선에 10씩 뛰어서 표시할 수 있다
13	받아올림이 없는 두 자릿수 덧셈을 교구를 이용하여 모델링할 수 있다
16	동수누가를 이용하여 곱셈 문장제를 해결할 수 있다
19	'구차' 문장제를 풀 수 있다
21	2씩 묶여 있는 집합을 2씩, 1씩 셀 수 있다
11	10씩 묶여 있는 수에 낱개를 더했을 때 결과를 안다
14	두 자릿수 덧셈을 교구를 이용하여 모델링할 수 있다
22	5씩 묶여 있는 집합을 5씩, 1개씩 셀 수 있다
18	'구차' 문장제를 풀 수 있다
23	10씩 묶여 있는 집합을 10씩, 1씩 셀 수 있다
40	20부터 거꾸로 셀 수 있다
27	두 자릿수를 순서지을 수 있다
35	어떤 집합인지 집합의 구조를 이해할 수 있다
38	구체적 모델을 이용하여 나눗셈을 할 수 있다
39	구체적 모델을 이용하여 곱셈을 할 수 있다
44	수의 보존성을 이해할 수 있다
28	덧셈의 교환성을 이해할 수 있다
29	이어서 세기 전략을 사용하여 덧셈을 할 수 있다
30	두 자리 수를 구분할 수 있다
32	2씩, 5씩, 10씩 뛰어셀 수 있다
37	이어서 세기 전략을 사용할 수 있다
31	수를 99까지 순서대로 정확하게 말할 수 있다
41	10부터 거꾸로 셀 수 있다
36	집합을 비교하고 같은 집합인지 말할 수 있다
42	수를 20까지 순서대로 말하고, 구체적 모델을 이용하여 덧셈과 뺄셈을 할 수 있다
43	일대일 대응을 할 수 있다

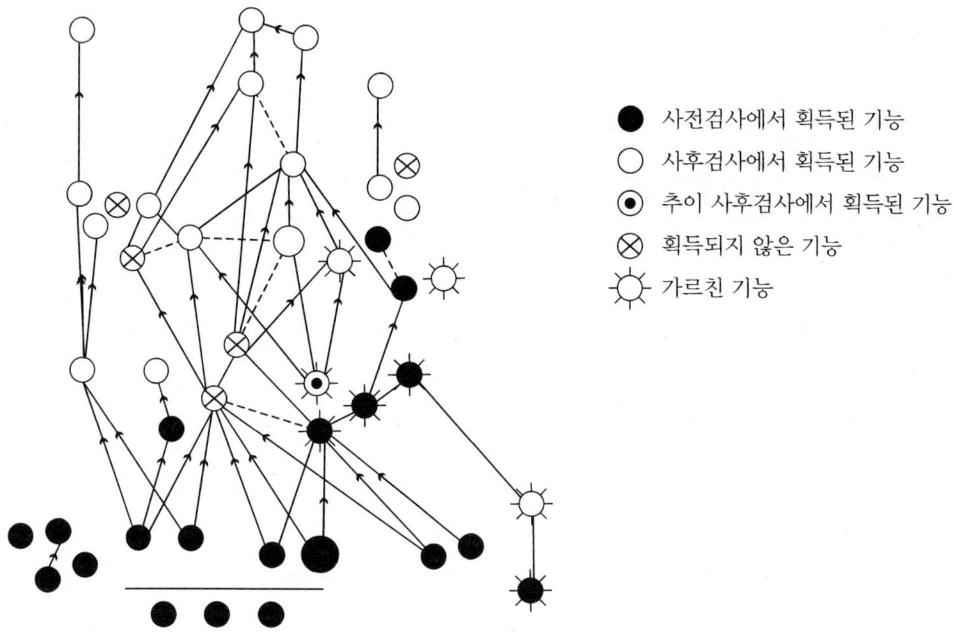

[그림 5.1] Jy의 사전검사, 사후검사, 추이 사후검사 결과 및 위계

[그림 5.1]에는 여러 가지 기능에 대한 한 아동(Jy)의 사전검사, 사후검사, 추이 사후검사 결과가 제시되어 있다. 이 도표를 보면, 이 아동의 수업 실시 이전과 이후의 수에 관한 지식을 알 수 있다. 흥미롭고 놀라운 점은, Jy에게 수 개념과 기능들을 8가지 가르쳤는데(실제로는 이 중 4개만을 학습했음), 가르치지 않은 5개도 학습했다는 것이다. 이것이 시사하는 점은 얼마나 학습하는지는 결국 아동에게 달려 있다는 것이다. 교사가 도움이 될 수는 있겠지만, 아동들의 수학적 개념과 기능을 구성하는 것은 궁극적으로 아동이다.

아쉽게도 [그림 5.1]에는 각각의 개념들이 무엇인지 설명되어 있지 않다. 자세한 내용은 연구자들의 논문(Denvir & Brown, 1986a, 1986b)을 참고하기 바란다.

이 연구 프로젝트는 학습 속도가 느린 초등학생을 대상으로 하고 있다. 그렇지만 이 연구가 제시하고 있는 학습 원리들은 수학적 이해를 구성하는 데 있어서 기본적인 능력을 갖춘 중상위 학생들에게도 바로 적용할 수 있을 것이다.

구성주의

간략히 말해서, 구성주의는 아동이 자신의 경험을 바탕으로 하여 능동적으로 이해를 구성한다는 학습이론이다. 여기서 경험은 지적 경험과 언어적 경험, 신체적 활동과 행동, 정서적 경험 등이 포함되며, 이전에 이해한 것들을 바탕으로 이러한 경험에 의미를 부여하게 된다. 이해의 능동적 구성은 물리적이거나 다른 시각적 활동이 수반되지 않은 순전히 정신적 활동일 수도 있다. 즉, 아동이 새로운 아이디어와 이해를 기존의 개념적 구조에 연결시킨다는 점에서 정신적인 활동이다. 따라서 구성주의적 학습이론에서 추구하는 활동을 발견학습이나 문제해결학습과 동일시하는 것은 잘못된 것이다.

구성주의는 이제 매우 널리 인정되고 있는 학습이론이다. 구성주의적 관점이 사회학에서 등장하기도 하지만(예를 들어, Berger & Luckmann, 1966), 수학학습심리학에서 구성주의는 주로 장 피아제(Jean Piaget)의 연구로부터 시작한다. 그러나 인지발달과 그 단계에 대한 피아제 이론을 모두 받아들이는 것은 아니다. 아동들의 학습에 관한 연구들은 피아제의 인지발달단계 이론과 학습 준비도에 대하여 심각하게 의문을 제기하고 있다. 피아제 이론이 이제는 더 이상 완벽한 것으로 받아들여지지는 않지만, 그 이론 중 많은 것들이 여전히 널리 인정되고 있다. 특히 피아제 이론 중 두 가지는 여전히 타당한 것으로 인정되고 있다. 첫 번째는 아동들이 사회적 상호작용(언어가 중심이 되는)과 물리적 세계에 대한 경험(대상을 조작함으로써 정신적 표상을 구성할 수 있으며, 그것을 정신적으로 변형할 수 있다)을 통하여 학습한다는 점이다. 이제는 피아제가 생각했던 것보다 언어의 역할이 매우 중요해졌으며, 더욱더 강조되고 있음을 알 수 있다(Donaldson, 1978; Vygotsky, 1986).

두 번째는 지식의 성장에 관한 것이다. 생물학 이론에 따르면, 모든 유기체는 생존하기 위하여 적응해야 한다. 피아제에 따르면, 인간도 마찬가지로 생존하기 위하여 지식의 구조를 적응시킨다. 여기서 지식의 구조는 우리의 행동을 안내하는 마음속의 지도라고 할 수 있다. 아동들(실제로는 모든 인간)은 새로운 상황에 접하여 새로운 경험을 하면, 자신이 갖고 있던 기존의 정신적 스키마를 통하여 그것을 해석함으로써 그 상황에 의미를 부여하려고 한다. 스키마는 하나의 단위 정보, 서로 연결된 개념들의 집합, 개념적 구조로 볼 수 있다. 스키마를 통하여 새로운 정보를 조직하고 저장하는 이러한 과정을 동화(assimilation)라고 한다. 동화를 통하여 이루어지는 학습은 양적 증가이다. 즉, 새롭게 경험된 정보가 기존 스키마에 추가되어 양적으로 증가한 것이다. 예를 들어, 아동들은 기존에 갖고 있던 두 자리 수 덧셈 스키마에 세 자리 수 덧셈 방법을 동화시킬 수 있는데, 이것은 지식의 양적 증가이다.

새로운 경험이 기존의 스키마로 해석되지 않을 경우에는 인지적 갈등이 나타난다. 이러한 갈등은 스키마를 변화시킴으로써 해결될 수 있다. 즉, 기존 스키마를 재구조화하거나 새로운 스키마를 창출하는 것으로서 이러한 과정을 조절(accommodation)이라고 한다. 극단적인 경우에는 인지적 갈등이 정신적 붕괴나 스트레스를 유발하기도 하지만, 어른들 사이에서도 흔히 있는 일이다. 아동기 동안에 아동들은 훨씬 복잡한 방식으로 그들의 경험을 해석함으로써 자신의 스키마를 조절한다.

"곱셈을 하면 더 커진다." 또는 "큰 수로 작은 수를 나누는 것은 불가능하다."와 같은 법칙들은 아동들이 흔히 갖고 있는 생각이다. 자연수에 대한 경험을 바탕으로 이렇게 생각한다면 그것을 옳게 일반화한 것이다. 그러나 이것을 정수(음수), 유리수(분수), 실수(소수)와 같이 수의 범위를 확장하여 생각하면, 이러한 일반화는 잘못된 것이다. 예를 들어, [그림 5.2]와 같은 문제를 14～15세의 학생들에게 제시하였다(Hart, 1981).

아래 직사각형의 넓이는 $\frac{1}{3}$cm^{2}이고, 세로의 길이는 $\frac{3}{5}$cm이다. 가로의 길이는 얼마인가?

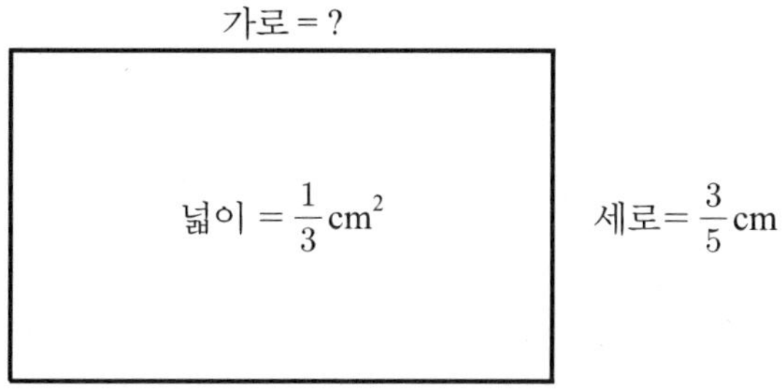

[그림 5.2] 곱셈 스키마의 조절에 대한 CSMS[1)]의 검사 문항

1) **역자주** CSMS는 Concepts in Secondary Mathematics and Science의 약자로 영국의 첼시 칼리지에서 수행되었던 연구 프로그램이다.

14세 학생 중 7%, 15세 학생 중 5.6%만이 정답을 구하였다. 그러나 대부분의 학생들은 정답을 구하지 못하였다. 어떤 학생들은 "$\frac{3}{5}$은 넓이보다 크기 때문에, 답을 구할 수 없다."(Hart, 1981, p.68, 76)고 말하였다.

이것은 학생들이 자연수에 기초한 곱셈 스키마를 아직도 사용하고 있다는 것을 의미한다. 학생들이 나중에 분수의 곱셈에서는 그렇지 않을 수 있다는 사실(즉, 더 작아질 수 있다)을 학습하면서, "곱셈을 하면 더 커진다"는 덜 개발된 곱셈 스키마는 다른 스키마로 조절되어야 한다. 이러한 조절이 일어나지 않는다면, 학생들의 수학적 이해는 발전할 수 없을 것이다.

스키마를 통한 학습과 게의 성장 사이에는 유사한 점이 있다. 게는 먹이를 섭취하면서 몸무게가 양적으로 증가한다. 그러나 딱딱한 게 껍데기 때문에 더 이상 몸무게가 증가하지 못하는 시점에 도달한다. 이때 게는 성장을 위하여 몸무게를 양적으로 늘리고(동화), 그 다음에는 작아진 껍데기를 버린다(조절). 즉, 껍데기 밖으로 나감으로써 확장된 새로운 껍데기를 갖게 된다.

지식의 성장과 과학 지식의 성장 사이에도 더 강력한 유사점이 있다. 토머스 쿤(Tomas Kuhn, 1970)의 《**과학혁명의 구조**(*the structure of scientific revolutions*)》에 따르면, 과학은 두 가지 유형의 발전을 반복한다고 한다. 정상 과학(normal science)의 시기와 혁명 과학(revolutionary science)의 시기가 그것이다. 정상 과학의 시기에는 널리 인정된 이론이 있어서 이를 바탕으로 새로운 지식이 추가된다. 즉, 기존의 스키마에 새로운 경험을 동화하는 것과 같다. 예를 들어, 프톨레마이오스의 천동설은 16세기에 이르기까지 천년 동안 천문학 이론의 근간이 되었다.

천문학의 역사를 다시 예로 들면, 코페르니쿠스는 프톨레마이오스의 오류로 인하여 부활절의 시기가 점점 어긋난다는 것을 발견하였다. 코페르니쿠스의 생각은 당시 천문학에서 일종의 혁명적인 생각이었다. 우리가 잘 알고 있듯이, 코페르니쿠스의 천문학 이론이 기존의 천동설을 대체하기까지에는 오랜 시간이 걸렸다.

이론에서 예상했던 것과 실제 사실 사이에 강력하고 부정할 수 없는 불일치가 발생했을 때, 혁명 과학의 시기가 등장한다. 혼란의 시기(혁명 과학)가 지난 다음에는 새로운 방식으로 이전의 지식을 설명할 수 있고 불일치를 해소할 수 있는 새로운 이론이 등장한다. 새로운 이론에서는 용어 자체가 새로운 의미를 갖게 될 뿐만 아니라, 그 동안 통용되었던 규칙들도 달라지게 된다. 이제 스키마의 조절과 유사한 과정이

나타나게 된다. 새로운 사실이나 새로운 경험과 기존의 개념(스키마) 사이에 발생한 불일치는 인지적 갈등을 유발하게 된다. 인지적 갈등은 조절 즉, 스키마의 조정을 촉발시킨다. 이 과정에서 재구조화가 일어나며, 개념과 개념들 간의 연결이 재조정된다. 즉, 학습자의 개념과 생각을 변화시키게 된다.

그렇기 때문에 새로운 방식으로 사물을 바라보게 된 이후에는 이전의 방식대로 이해하는 것이 쉽지 않다. 즉, 우리의 정신적 스키마가 재구조화된 다음에는 더 이상 예전의 방식대로 볼 수 없게 된다.

이 장에서는 특별한 관점에서 아동들의 수학학습을 살펴보았다. 특히 아동이 자기 자신의 수학적 이해를 구성한다는 학습이론 즉, 구성주의에 대하여 알아보았다. 구성주의 학습이론은 수학 교수·학습과 관련하여 특별한 방법을 제시하지는 않는다. 다만 아동들이 갖고 있는 이전 지식을 바탕으로 해야 하며 아동들이 능동적으로 자신의 이해를 개발할 수 있는 기회를 주어야 한다는 일반적인 방법을 제안하는 것이다. 구성주의 학습이론에 필적할 만한 학습이론들도 여러 가지가 있다. 실제로 2장에서는 수학학습의 모든 목표를 달성하기 위해서는 콕크로프트(Cockroft, 1982)가 제안한 절충적인 학습이론이 요구된다고 지적하였다. 6장에서는 서로 다른 유형의 구성주의를 좀 더 자세히 살펴볼 것이며, 수학교육에 줄 수 있는 시사점들에 대하여 논의할 것이다.

사례: 마음속 수직선 이미지

다음 사례는 개념적 구조와 개인적 지식의 구성에 관한 것이다. 1980년에 본 저자는 벼룩시장에서 《*Creatively Gifted*》라는 책을 구입했다. 그 책에는 어떤 사람이 갖고 있는 수직선에 대한 이미지가 들어 있었다. 1부터 1000까지의 수를 생각하면서 그린 이미지는 아래 왼쪽 그림과 같다. 각 점들은 특정한 수와 연결되어 있고 위로 갈수록 커진다. 이 책을 읽으면서 나도 역시 수의 계열에 대한 이미지를 갖고 있다는 데 깜짝 놀랐다. 나는 1부터 1,000,000까지의 수를 전신주의 전선으로 생각하였다. 즉, 각 전신주에는 중요한 숫자가 배치되어 있고, 고리를 이루면서 위로 증가하는 모습이다(아래 오른쪽 그림).

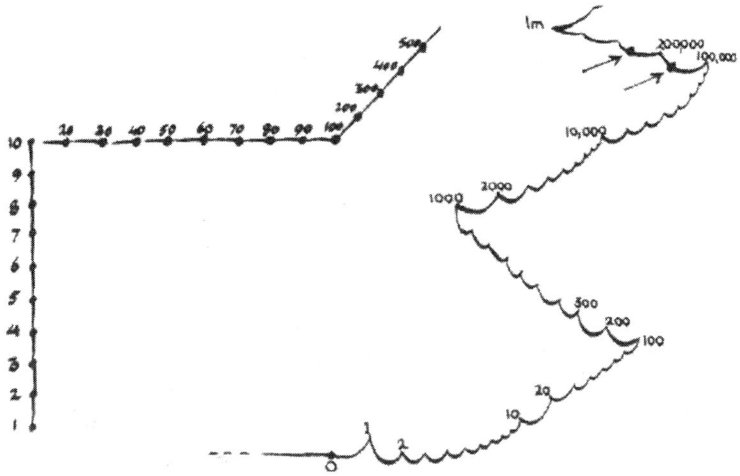

가령 수 100,000을 생각할 때마다 나는 수직선에서 그 위치를 떠올리곤 한다. 또한 내 경우에는 239,000과 186,000과 같이 그리 특별하지 않은 수가 수직선에 점으로 표시되어 있다. 239,000은 지구부터 달까지의 거리를 마일로 나타낸 것이고, 186,000은 초당 빛의 속도를 마일로 나타낸 것으로서, 내가 어렸을 때 우주여행에 매료되었을 때 배운 것들이다. 30년이 지난 후에도 수직선에서 이 수들의 위치는 여전히 거기에 있다.

몇 가지 연구(Ernest, 1983a, 1983b, 1986, 1988a)를 수행한 이후에, 나는 수직선 이미지가 그리 특별한 것이 아님을 알게 되었다. 수직선 이미지에 대한 연구는 저명한 심리학자인 영국의 프랜시스 골턴(Francis Galton, 1883)에 의하여 처음으로 시작되었다. 골턴은 이 수직선 이미지를 '수 형태(number forms)'라고 불렀다. 아래 제시한 것과 같이 그의 연구 결과를 보면, 사람들마다 서로 다른 수직선 이미지를 갖고 있음을 알 수 있다.

이와 같이 사람들마다 서로 다른 수직선 이미지를 갖고 있다는 것이 의미하는 바는, 사람들마다 자기 자신만의 개인적이고 독특한 지식 표상(knowledge representation)을 갖고 있다는 것이다. 물론 사람들마다 지식 표상이 서로 다르더라도 관습적 맥락에서 사용됨으로써 결국에는 같아질 것이다. 위에 제시한 수직선 이미지들은 모두 자연수의 중요한 특징인 선형적 순서를 표현하고 있다.

PLATE II.
Examples of Number Forms.

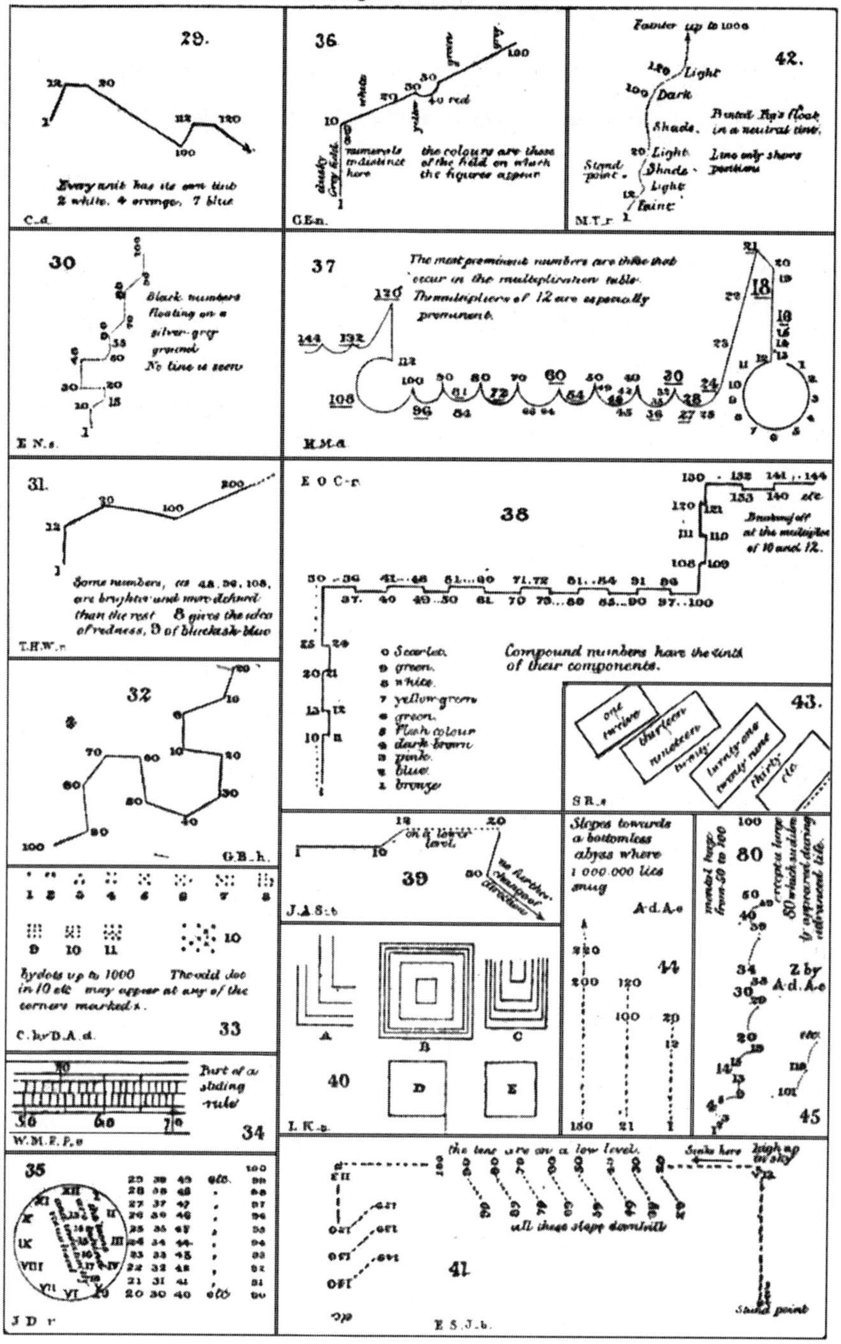

수학학습 이론

구성주의 학습이론의 특징을 자세히 살펴보기 위하여, 〈표 5.2〉와 같이 학습자가 수동적으로 지식을 받아들이는 수동적 수용학습이론과 구성주의 학습이론을 비교하였다.

〈표 5.2〉 학습이론의 비교

측면	수동적 수용학습이론	구성주의 학습이론
학습	지식은 수동적으로 수용되고 암기된다. <예> 구구단 9단을 암기한다.	지식은 기존의 지식으로부터 학습자에 의하여 능동적으로 구성된다. 학습자는 관계를 구성한다. <예> 기존의 지식을 바탕으로 새로운 지식 $9\times7=63$을 구성한다.
정보	단순히 의미와 지식을 수반한다.	학습자가 의미를 부여한 기호들로 구성된다.
오류	학습자의 잘못된 기억이나 부주의로 인하여 발생한다.	각 개인의 독특한 지식의 구성으로 인하여 발생하며, 이것은 개인적 지식의 조정에 필수적인 요소이다.
문제해결	새로운 과제에 기존의 지식을 적용하는 것이다.	모든 학습과 행동은 문제해결이다. 학습자는 스스로 다음과 같은 질문을 해야 한다: 이 과제의 본질은 무엇인가? 그것을 어떻게 해결할 것인가?

구성주의 학습이론에 따르면, 지식은 학습자가 경험을 통하여 기존의 지식으로부터 능동적으로 구성한다. 이것은 지식이 수동적으로 수용되고 기억된다는 전통적인 학습이론과 큰 차이가 있다.

구성주의 학습이론에서 정보는 학습자가 의미를 부여한 기호와 표현으로만 구성된다. 물론 다른 사람의 몸짓 언어, 소리 언어뿐만 아니라 그림 기호나 문자 기호의 의미를 읽고 이해하는 것은 모든 인간이 추구해야 할 중요한 학습 과제인 동시에 지적 성취물이다. 그리고 일단 그것들을 습득했다는 것은 학습된 지식을 단순히 적용하는 것이 아니라 정보에 의미를 부여하는 것이라고 볼 수 있다. 반면에 전통주의적 관점에서 정보는 단순히 의미와 지식을 수반하고 있을 뿐이다.

구성주의 학습이론에 따르면, 오류는 개인적 지식을 수정하고 조정하는 데(관습적 지식) 필수적인 요소이며, 각 개인의 독특한 지식의 구성(개인별 지식)으로 인하여 발생한다. 반면에 전통적 관점에서 오류는 학습자의 잘못된 기억이나 부주의로 인하여 발생한다.

마지막으로 구성주의 관점에서는 모든 학습과 행동을 문제해결로 본다. 과제가 주어지면 학습자는 스스로 다음과 같은 질문을 해야 한다. 묻고 있는 것은 무엇인가? 그것을 어떻게 해결할 것인가? 선생님이 실제로 원하는 것은 무엇인가? 수학적 과제는 무엇인가? 반면에 전통주의적 관점에서 문제해결은 새로운 과제에 기존의 특정한 지식을 적용하는 것이다.

앞에서 살펴본 바와 같이, 구성주의 학습이론은 수동적 수용학습이론과 비교하여 몇 가지 장점이 있다. 그러나 고정 관념에 사로잡혀 수동적 수용학습이론을 지나치게 단순화하여 폄하하는 측면도 있다. 뒤에서 오스벨(Ausubel, 1968)의 학습이론을 소개하면서 설명하겠지만, 수용학습이라고 해서 모두 기계적인 것이 아니며 개념적 구조와 스키마를 형성할 수 있는 유의미학습이 가능하다.

수학학습에서 스키마 이론과 이해

2장에서는 수학학습의 결과에 대해서 살펴보았다. Bell *et al.*(1983)에 따르면, 개념들과 그들 사이의 관계로 이루어진 개념구조(예를 들어, 자리수의 개념)도 수학학습의 결과로 볼 수 있다. 개념구조의 다른 이름은 스키마(schema)이다. 전통적으로 스키마(schema)는 단수형이고 스키마타(schemata)는 복수형이지만, 나는 이를 현대화하여 schema(단수형)와 schemas(복수형)로 표현할 것이다. 스키마는 인지적 영역과 관련이 있을 뿐만 아니라, 태도, 성향과 같은 정의적 영역, 신체 운동이나 지각 운동과 같은 정신-운동 영역과 관련된 지식이나 경험을 저장할 수 있다. 개념적 구조 및 스키마와 관련하여 핵심적인 것은 지식이나 경험을 유의미하게 저장하게 한다는 것이다.

3장에서는 수학적 사실을 장기기억에 훨씬 더 쉽게 저장할 수 있는 방법으로서 암기술을 사용하거나, 개념구조에 연결하거나, 개념구조들을 서로 연결시키는 것을 설명하였다. 유의미학습은 새로운 지식과 기능을 기존의 개념적 구조나 스키마와 연결시키는 것이다.

먼저, 오스벨은 아동(또는 한 개인)이 갖고 있는 기존 지식(즉, 스키마)은 이어지는 학습에서 가장 중요한 요소라는 원리를 주장하였다.

> **가장 중요한 것은 아동이 이미 알고 있는 것이 무엇인지를 확인하고 그에 따라 가르치는 것이다(Ausubel, 1968).**

둘째, 오스벨은 유의미학습의 의미를 명료화했으며, 1960년에 유행했던 발견학습과 구분하기 위하여 '유의미 수용학습(meaningful reception)'이라는 용어를 만들었다. 아래 [그림 5.3]은 유의미학습 대 기계적 학습, 수용학습 대 발견학습을 구분하여 제시한 것이다.

유의미학습은 새로운 지식을 기존 지식과 연결 짓는 것으로서, 유의미학습은 관계적이며 스키마적이다. 기계적 학습은 임의적이며(왜 그렇게 되는지 알지 못한 채 아는 것), 그대로 암기한 것이며(학습된 그대로 기억된 것), 연계성이 없다(다른 기존 지식이나 스키마와 연결되지 않음).

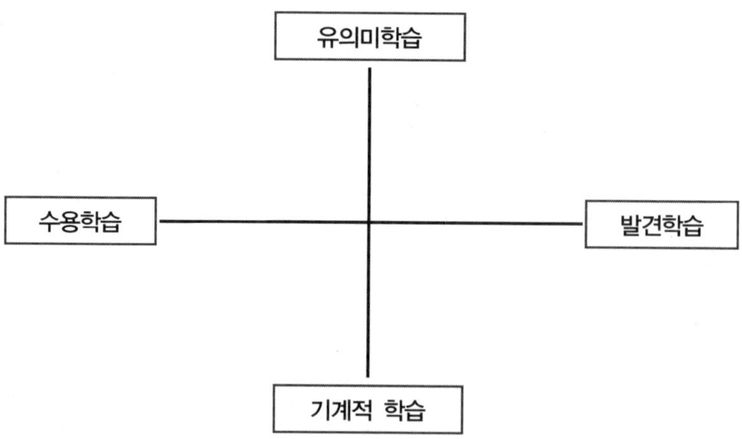

[그림 5.3] 유의미학습 대 기계적 학습, 수용학습 대 발견학습에 대한 오스벨의 구분

오스벨은 발견학습의 반대는 유의미학습이 아니라는 점을 보이는 데 관심이 많았다. 즉, 발견 이외의 다른 방법으로도 유의미한 지식을 획득할 수 있다는 것이 그의 주장이다. 그는 발견학습의 반대는 수용학습이라고 정의하였다. 수용학습은 미리 만들어진(예를 들어, 교사에 의하여) 지식을 그대로 받아들이는 것이라고 볼 수 있다. 가령 학생들에게 학습할 기능이나 지식을 제시했을 때, 학생들이 그것을 받아들이고 기억한다면, 수용학습이 이루어진 것으로 볼 수 있다.

수용학습은 유의미학습이 될 수도 있고 기계적 학습이 될 수도 있다. 미리 만들어진 지식이 학생들의 기존 스키마에 충분히 연결된다면 유의미학습이 되겠지만, 새로운 지식이 기존 지식과의 연결 없이 암기된 것이라면 기계적 학습이 될 것이다.

같은 맥락에서 리차드 스켐프(Richard Skemp, 1976)는 도구적 이해와 관계적 이해를 구분하였다. 도구적 이해는 어떤 기능이 왜 그렇게 작용하는지를 설명하지 못한 채 수행하는 방법만을 아는 지식이다. 특히 기계적으로 학습된 도구적 이해는 약하고, 기억에 오래 남지 않으며, 새로운 상황으로 전이할 수 없는 지식이다. 관계적 이해는 기능을 수행하는 방법을 알 뿐만 아니라 왜 그렇게 되는지를 아는 것이며, 지식을 보다 큰 스키마에 연결시키는 것이다.

스켐프(1971)는 두 집단의 중학생들을 대상으로 실험을 실시하였다. 한 집단(비교집단)에게는 ○, →, ≈와 같이 9개의 기본적인 기호를 학습하게 하고, 이어서 15개의 기호로 이루어진 복잡한 조합들을 암기학습으로 학습하게 하였다. 암기하는 학습을 했기 때문에 이 조합들은 학생들에게 의미가 없는 기호들이었다. 다른 집단(실험집단)에게도 같은 기호로 이루어진 복잡한 조합들을 학습하라고 했지만, 각각의 기호가 갖고 있는 의미를 설명해주었으며(예를 들어, →는 움직이거나 이동한다는 것을 의미하고, ○는 무엇을 담는 용기를 의미하고, ≈는 물을 의미한다), 15개의 기호로 이루어진 복잡한 조합의 의미를 설명해주었다(예를 들어, ○→≈는 물을 이동하는 담을 것 즉, 배를 의미한다. 실제로는 이 기호들이 세로 형태로 제시되었기 때문에, '물 위를 이동한다'는 의미가 표현되어 있다). 실험집단에게는 기호와 그것의 의미를 연결하게 하는 스키마를 구성하도록 하였다. 즉, 유의미학습 활동을 강조한 것이다(Skemp, 1971: 42).

이틀 동안 실험이 진행된 뒤에, 두 집단을 대상으로 복잡한 기호들에 대한 기억력 검사를 실시하였다. 실험 직후, 1일 후, 29일 후에 실시된 기억력 검사 결과는 〈표

5.3>과 같다.

〈표 5.3〉 유의미학습과 암기학습에 대한 스켐프의 실험결과

집단	실험 직후	1일 후	29일 후
실험집단(유의미학습)	69%	69%	58%
비교집단(암기학습)	38%	23%	8%

실험 직후 실시된 기억력 검사에서 실험집단의 기억력은 비교집단보다 2배 정도 높았다. 1일 후 기억력 검사에서, 비교집단은 암기식으로 학습한 기호들을 $\frac{1}{3}$ 정도 잊어버렸으나, 실험집단은 기억력이 그대로 유지되었다. 29일 후의 기억력 검사에서도 비교집단은 단 8%만 기억하였지만, 실험집단은 거의 절반 이상이 기억하고 있는 것으로 나타났다. 이 연구 결과가 의미하는 것은 다음과 같다. 즉, 기계적 암기학습이 정보의 기억에 있어서 단기적으로는 효과적일 수 있지만, 유의미학습은 단기적으로만 아니라 장기적으로도 훨씬 더 효과적이었다. 결국 스키마와 개념적 구조를 형성하고 사용한다면, 지식이나 정보를 장기적으로 기억하고 파지하는 능력을 향상시킬 수 있다는 것이다.

또 다른 연구자인 제임스 히버트(James Hiebert, 1986)는 수학적 지식을 개념적 지식과 절차적 지식으로 구분하였다. 개념적 지식은 개념들이 서로 잘 연결된 상태 즉, 앞에서 논의한 관계적 지식 또는 스키마적 지식을 의미한다. 절차적 지식은 절차나 알고리즘에 관한 지식이다. 절차적 지식은 절차를 적용하는 방법을 아는 것 즉, 기능에 관한 지식이다. 이것은 부분적으로는 스켐프가 말한 도구적 지식과 같은 의미이다. 그러나 히버트는 개념적 지식이 도구적 지식보다 우월하다고 주장하지 않는다. 오히려 개념적 지식(또는 관계적 이해)과 절차적 지식(또는 도구적 이해)은 상호 보완적이라고 주장한다. 이 두 지식은 유형은 서로 다르지만, 수학뿐만 아니라 다른 여러 분야에서 반드시 필요한 지식이다. 이러한 점에서, 히버트의 주장은 'knowing how'와 'knowing what'을 구분했던 철학자 길버트 라일(Gilbert Ryle, 1949)의 견해와 같은 것이라고 볼 수 있다. 'knowing how'는 일반적으로 어떻게 하는지를 아는 방법적 지식이지만, 'knowing what'은 개념적이거나 명제적 지식을 의미한다.

오스벨이 유의미학습-기계적 학습, 수용학습-발견학습을 구분했듯이, 우리도 개념

적 지식과 절차적 지식을 구분할 수 있을 것이다. 개념적 지식은 본질적으로 유의미하고, 관계적이고, 스키마적이며, 개념적 구조와 연결되어 있다. 절차적 지식은 유의미할 수도 있고 기계적으로 암기될 수도 있다. 즉, 절차적 지식이 스켐프(1976)의 관계적 학습과 마찬가지로 스키마와 개념적 구조와 연결되어 있다면 유의미하지만, 기존 스키마와 연결되지 않으면 기계적이다.

이상의 논의를 보면, 결국 절차적 지식/도구적 지식, 개념적 지식/관계적 지식에 상관없이 어떤 지식이 견고한 지식이 되려면 스키마나 개념적 구조에 잘 연결되어야 한다고 볼 수 있다. 개념적 구조에 잘 연결되고 포함된 지식은 기억이 용이하고 유의미하며, 다양한 상황에 적용할 수 있으며, 새로운 문제 상황으로 전이할 수 있다(Bell *et al.*, 1983; Dickson *et al.*, 1984; Resnick & Ford, 1981).

학자들은 개념적 지식과 절차적 지식의 관련성에 대하여 두 가지 결론에 도달하였다. 첫째, 절차적 지식은 개념적 지식을 개발하는 데 도움이 될 수 있다. 그 이유는 "기호는 개념을 향상시키고, … 절차는 개념을 적용하여 문제를 해결하는 것이며, … 절차는 개념의 발달을 촉진한다."(Hiebert, 1986a: 15-16). 둘째, 개념적 지식과 개념적 이해는 알고리즘적 지식이나 절차적 지식보다 훨씬 더 높은 수준의 인지적 조작을 필요로 한다. 인지적 조작은 추상적 사고와 추론(블룸(Bloom)의 교육목표 분류에 정의된 것과 같이)을 하는 데 필요한 높은 수준의 인지적 능력이며, 3장에서 살펴본 단기기억의 능력이 요구된다(Slesnick, 1982).

개념망(concept mapping)

4장에서는 아동들이 자신만의 독특한 개념적 구조와 스키마를 어떻게 획득하고 개발하는지에 대해서 살펴보았다. 실제로 구성주의 학습이론의 가장 중요한 시사점은, 모든 지식은 개인별로 독특한 개념적 구조와 스키마로 구조화된다는 것이다. 따라서 구성주의 학습이론에서 가장 중요한 연구 영역은 학습자의 개인적 지식과 개념적 구조에 관한 것이다. 이러한 연구들 중 하나는 앞에서 살펴본 덴버와 브라운(Denvir & Brown, 1986)의 연구로서, 두 자리 수의 뺄셈에 관하여 아동들이 실제 갖고 있는 개념적 구조는 이론적으로 바람직하다고 생각되는 개념구조와는 다른 것으로 나타났다.

우리의 인지구조는 동화와 조절이라는 두 가지 과정을 통하여 발달한다는 인지구조 모델이 널리 인정되고 있다. 레스닉(Resnick, 1983)은 어린 아동들의 수 이해에 관한 발달 모델을 제시하였다. 이 모델에서는 수를 이해하는 데 중요한 역할을 하는 스키마(예를 들어, 전체-부분 스키마, 교환 스키마)의 역할을 제시하였고, 이를 개념망으로 도식화하였다. 그리노(Greeno)는 사칙연산 절차가 구조화되는 단계를 제시하였으며, 이를 개념망으로 도식화하였다(Resnick & Ford, 1983, 8장). 레스닉과 포드(Resnick & Ford, 1983)는 또한 넓이 개념과 평면 도형의 변환에 대한 학생들의 개념망을 제시하였다.

지난 20여 년에 걸쳐서 개인별 개념망에 관하여 많은 경험적 연구들이 수행되었으며, '대체 프레임워크(alternative frameworks)'나 '대체 개념(alternative conceptions)'과 같은 용어들이 과학교육 연구에서 등장하였다. 실제로 푼트와 뒤트(Pfundt & Duit, 1988)는 과학교육 및 수학교육 분야에서 연구된 '대체 프레임워크'와 '대체 개념'에 관한 천 편 이상의 논문과 보고서들의 목록을 발표한 바 있다. 많은 연구자들이 자연수, 분수, 기하 개념, 대수 개념과 같은 수학적 개념에 대한 학생들의 개념적 구조를 연구하였으며, 수학적 사실, 기능, 개념에 대한 잠정적인 개념망을 제안하였다(예를 들어, Erlwanger, 1973; Haseman, 1991; Novak *et al.*, 1983; Novak, 1987, 1990). 이러한 연구들은 일반적으로 임상적 면담을 토대로 수행된다. 즉, 학생들에게 일련의 계획된 과제를 제시한 다음, 그들의 생각, 개념, 이해, 또는 정신적 표상을 이끌어내기 위한 질문을 한다. 학생들로부터 이끌어낸 답변을 기초로 하여, 연구자는 학생들의 개념구조에 대한 잠정적인 개념 지도를 작성한다. 일반적으로 이 개념망은 지식과 그것의 연결을 나타낸 2차원의 다이어그램으로 표현된다.

멀론과 데커스(Malone & Dekkers, 1984)는 학생들의 교수·학습과 평가에 도움이 되는 개념망의 사용에 대하여 설명하였다. 이들은 또한 개인의 개념망을 확인하는 과정을 다음과 같이 제시하였다. 즉, 개념 확인(주어진 주제에 대하여 관련된 개념을 확인하기), 집단화(개념들을 적절하게 연결하거나 묶기), 위계화(핵심적이고 포괄적인 개념은 개념지도에서 상위에 놓고, 특수하고 주변적인 개념은 하위에 놓기), 분화(개념들을 구분하기), 명제로 진술(개념들을 동사로 연결하여 진술하고, 연결된 개념을 명사로 진술하기). 멀론과 데커스는 다각형의 개념망을 13개의 개념과 그 연결로 설명하였으며, 이것 이외에 다른 개념망을 제시하였다.

후에르타(Huerta, 1996)도 마찬가지로 개념망을 사용하여 사각형에 관한 학생들의 개념적 구조를 이끌어낸 다음, 이를 분석하였다. 그는 이 개념망을 통하여 학생들이 갖고 있는 개념, 개념들 사이의 관계 및 연결에 대한 정보를 얻을 수 있다고 주장하였다. 그가 사용한 검사지에는 직사각형에 관한 문항들이 포함되어 있었다. 즉, 아동들에게 다음과 같은 것들에 대하여 알고 있는 성질들을 모두 써보게 하였다. ① 변, ② 각, ③ 대각선, ④ 대칭이나 다른 관계, ⑤ 모양(전형적인 모양의 직사각형 2개와 정사각형 2개, 다이아몬드 모양의 정사각형 1개, 다른 직사각형 6개가 포함된 17개의 사각형 중에서 직사각형 찾기), ⑥ 직사각형의 정의. 후에르타는 또한 아동들에게 '항상 그렇다', '때로는 그렇다', '전혀 그렇지 않다'와 같은 관계적 용어를 사용하여 직사각형과 다른 10개의 사각형을 관련 짓게 하였다. 마름모에 대해서도 이와 같은 질문지를 동일하게 적용하였다. 이러한 연구결과를 통하여, 그는 아동들이 갖고 있는 도형에 대한 개념망을 분석할 수 있었다. 즉, 이미 알고 있는 개념을 사용하는지, 오개념을 갖고 있는지, 도형에 대한 정의를 알고 있는지, 도형들 사이의 포함관계를 알고 있는지.

라인하르트(Leinhardt, 1987)는 초등학교 2학년을 대상으로 받아내림이 있는 빼셈의 개념 및 계산방법을 연구하였다. 아동들이 갖고 있는 빼셈에 대한 개념망을 작성했을 뿐만 아니라, 2학기 동안의 수업을 통하여 어떻게 발전했는지를 도식화했으며 새로운 지식이 기존의 인지구조에 어떻게 추가되고 연결되는지를 제시하였다. 그녀는 또한 빼셈에 대한 전문가와 초보자의 이해 정도를 비교하여 교사의 개념망을 작성하였다. 라인하르트와 스미스(Leinhardt & Smith, 1985)도 몇 가지 수학 주제에 대하여 초등학교 교사들이 갖고 있는 지식을 개념망으로 도식화하였다.

분명히 개념망은 아동들이 갖고 있는 수학적 사실, 기능, 절차, 개념적 구조를 이해하고 분석하는 데 유용하게 활용할 수 있다.

개념망은 학습 주제에 대하여 새로운 의미를 형성하고, 학습하고 있는 새로운 것과 이미 알고 있는 것을 연결하는 데 도움이 된다. …… 따라서 [개념망]은 학습을 유의미하게 만든다(Novak et al., 1983: 635).

탐구할 문제

한 가지 수학적 주제를 정하여(예를 들어, 확률, 평면도형, 분수의 개념), 학생들의 이해 정도와 개념구조를 분석해보시오. 분석한 결과를 바탕으로 수학적 주제에 대한 학생들의 개념망을 작성하시오. 작성한 개념망에 포함된 각각의 요소들이 적절한지 검토하시오.

Chapter 6 구성주의의 이론과 실제

이론적·실제적 측면 모두에서 전 세계적으로 수학교육계가 직면하고 있는 핵심적인 문제 중 하나는 어떻게 하면 학생들의 수학학습을 최상으로 도와줄 수 있을 것인지에 대한 것이다. 이러한 점에서, 구성주의는 문제를 해결할 수 있는 지배적인 이론 중 하나로 인식되고 있다. 또한 구성주의적 입장을 취하는 수학교육자들이 늘어나고 있는 추세이다. 구성주의에서는 지식을 능동적으로 구성하는 사람 즉, 인식론적으로 지식 형성의 권한을 갖고 있는 사람을 강조한다. 다시 말해서, 자기 자신의 지식을 창조하고 검증할 수 있는 사람을 강조한다. 그러나 구성주의에 지나치게 열광하고 구성주의를 맹목적으로 옹호함으로써 나타나는 위험들도 있다. 1장에서는 구성주의적 학습 이론을 채택했을 때 나타나는 장점과 단점에 대해서 지적한 바 있다.

피아제의 구성주의

장 피아제(Jean Piaget, 1953, 1971, 1972)는 구성주의가 수학학습이론으로 발전하는 데 영향을 준 사람이다. 피아제의 구성주의는 인식론과 연구방법론 모두에 영향을 주었다.

피아제의 발생적 인식론(지식에 관한 이론)은 유기체는 생존하기 위하여 환경에 적응해야 한다는 생물학의 기본 개념에 그 뿌리를 두고 있다. 마찬가지로 인간의 지능도 생존하기 위하여 주변 환경에 적응하는 적응의 과정을 겪는다. 생물이 외부 환경에 적절하게 적응하는 구조를 갖고 있듯이 인간도 환경에 적응하는 구조를 갖고 있는데, 이것이 바로 스키마(schema)이다. 스키마는 개인이 과거의 경험에 의하여 형성된 개인의 인지구조이다. 인간이 경험 세계에 적응하기 위해서는 동화(assimilation)와 조절(accommodation)이라는 두 개의 상보적인 과정을 거친다. 동화는 새로운 경험이 이미 존재하는 기존의 스키마로 해석되어 그 구조 속에 맞추는 것을 의미한다. 새로운 경험이 기존의 스키마로 해석될 수 없을 때는 조절이라고 하는 재구조화의 과정이 일어난다. 즉, 스키마들 사이에 갈등을 해결하는 방법을 찾는 과정이며, 새롭게 편입된 것에 대한 반응으로 자신의 구조를 조정하는 것이다. 피아제에 따르면, 인간은 자신이 경험한 세계에 적응하는 방식대로 자신의 사고 과정을 인지적 구조 속에서 조직화하는 경향을 갖는다.

인지발달이론에 관한 피아제의 연구방법론은 임상적 면담에 기초하고 있다. 즉, 면담자는 연구 대상자에게 의도적으로 고안된 과제를 수행하게 한 다음, 몇 가지 탐색적인 질문을 한다. 예를 들어, 수의 보존성 과제에서 면담자는 아동 앞에 8개의 공깃돌을 일렬로 배열해 놓는다. 이어서 그 길이를 두 배로 늘인 다음, 공깃돌의 개수가 많아졌는지, 같은지, 아니면 적어졌는지 질문한다. 연구자가 연구 대상자의 심리 상태나 이해 정도를 파악하기 위한 모델을 개발하기 위해서는 추가적인 질문들이 필요할 것이다. 피아제가 개척한 질문을 통하여 아동의 심적 내용을 탐색하는 임상적 면담법은 연구방법론에도 크게 공헌하였다. 이 임상적 면담법은 특히 구성주의자들 사이에서 널리 사용되는 연구방법이다.

구성

구성주의는 추구하는 관점에 따라 몇 가지 유형으로 구분할 수 있다. 구분하는 형태가 어떻든 간에 모든 구성주의는 구성(construction)이라고 하는 개념을 공유하고 있다. 이것은 목공, 건축, 건설과 같이 기존의 조작들을 모아서 어떤 구조를 형성한다는 의미를 갖는다. 구성이라는 개념은 정신적 구조를 형성하는 것을 의미하며, '재구조화(restructuring)'라는 말은 '조절(accommodation)' 또는 '개념적 변화(conceptual change)'와 같은 의미로 사용되기도 한다. 그러나 구성주의에서 의미하는 이해는 부여받은(전달된) 지식들로부터 형성되는 것이 아니다. 다시 말해서 이해의 형성은 전달된 지식으로부터 나오는 것이 아니라, 구성이라는 행동의 산물로서 나타나는 재귀적인 과정이다(Kieren & Pirie, 1991). 따라서 구성주의에서 구조와 내용을 구분하는 것은 상대적인 개념일 뿐이다. 이미 형성된 구조는 이후에 이루어지는 구성의 과정에서 내용이 된다.

이것이 바로 구성주의가 공통적으로 공유하고 있는 기본 가정이다. 즉, 학습자, 실제로는 모든 개인은 의미 형성과 해석의 과정을 통하여 자신의 경험에 의미를 부여할 수 있다. 의미 형성 및 해석과 더불어 구성이라는 개념은 에른스트 폰 글라저스펠트(Ernst von Glasersfeld, 1989: 182)가 주창한 바와 같이 구성주의의 첫 번째 원리이기도 하다. 즉, "지식은 수동적으로 부여받는 것이 아니라 학습자에 의하여 능동적으로 구성되는 것이다". 이것은 소박한 구성주의의 원리로서, 소박한 구성주의는 오로지 이 원리에 기초하고 있다. 아울러 이것은 모든 형태의 구성주의가 공유하고 있는 원리이기도 한다. 이러한 첫 번째를 원리를 기초로 하여 또 다른 원리가 추가되거나 강화됨에 따라 다른 형태의 구성주의로 분화된다.

소박한 구성주의

소박한 구성주의는 모든 개인적 지식이 각 개인에 의하여 구성된다는 원리에 기초하고 있다. 즉, 인간이 처리하는 모든 지식은 자기 구성적이라는 점에 초점을 두고 있다. 소박한 구성주의에서는 이미 주어진 세계, 대상, 관습적 지식이 존재하고 있다는 점을 인정하며, 이 세계에 대한 지식이 불가지론적이며 잠정적인 상태라는 점을 받아들인다. 이러한 관점은 현대의 과학철학 분야에서도 공유하고 있는 생각이다. 우리가 살고 있는 세계에 대한 지식이 그 당시에는 최상일 수 있지만 여전히 오류일 가능성이 존재한다(Popper, 1959). 이러한 관점에 따르면, 학습자의 의미 형성은 잘못될 가능성이 있지만, 존재적(지식의 존재와 본질에 관한 형이상학)으로는 크게 문제가 되지 않는다. 그러나 수학적 진리를 판단할 수 없다는 이러한 관점은 수학적 지식의 본질과 관련하여 여전히 문제가 될 수 있다.

소박한 구성주의는 경험주의적 철학이나 금세기 초의 행동주의 심리학으로부터 많이 벗어난 관점을 취하고 있다. 왜냐하면 소박한 구성주의에서는 앎이란 능동적이고 개인적이며, 이전에 구성된 지식을 바탕으로 형성된다는 점을 전제로 하기 때문이다. 예비교사들에게 수학이나 과학에서 아동들의 독창적이고 특이한 해결 방법이나 생각에 주목하게 하는 것은 수동적인 전달 방식의 교수·학습의 관점에서 탈피하게 하는 방법이다. 학습을 수동적 수용으로 보는 관점은 교육 분야에서 아직도 여전히 만연되어 있다. 특히 정치가와 교육 행정가들 사이에서는 더욱 그러하다. 영국과 같이 정부 주도하에 진행된 교육과정 개혁에서도 이러한 문제점이 드러났다. 즉, 중앙집권적인 집단이 교육과정에 대한 자신들의 계획과 구조를 교사들에게 전달하면 교사들은 그 교육과정을 수동적으로 받아들이고 그대로 시행할 것을 가정하고 있다. 이러한 생각과 방식이 일반 대중들 사이에 깊이 스며 있으며, 우리 사회의 권위주의에 일조하고 있다(Freire, 1972; Ernest, 1991b).

학습이론의 관점에서 볼 때, 소박한 구성주의 관점의 중요한 의의는 이 관점을 통하여 학생들의 수학적 오류 유형(Ashlock, 1982)과 수학·과학에서 개개의 학생들이 형성한 독특한 개념에 주목하고 그것을 설명할 수 있다는 점이다.

급진적 구성주의

급진적 구성주의의 뿌리는 피아제의 연구(1953, 1971, 1972)에 있지만, 비코(Vico)가 예견했듯이, 현대와 같은 형태의 급진적 구성주의는 거의 대부분 에른스트 폰 글라저스펠트의 인식론적 연구로부터 시작되었다고 볼 수 있다. 글라저스펠트(1995)는 20여 년에 걸쳐서 급진적 구성주의와 관련된 연구물들을 시리즈로 발표해왔다. 수학교육연구방법론적 측면에서 선두적인 인물로는 스테프(Steffe, 1991)를 들 수 있다.

급진적 구성주의는 앞서 글라저스펠트가 언급한 구성주의의 첫 번째 원리 이외에 두 번째 원리에 기초하고 있다. 두 번째 원리는 다음과 같다. "인지 기능은 이미 존재하는 실재를 발견하는 것이 아니라, 경험한 세계에 적응하고 조직하는 것이다"(Glasersfeld 1989: 182). 다시 말해서 학습자는 자신이 경험한 것들을 해석하고 세상을 살아가는 데 필요한 방향을 안내할 수 있는 자신만의 '세계 지도(world map)'를 개발한다. 이 '세계 지도'는 우리가 살고 있는 세상의 실제 모습이 아닐 수 있다. 이 점에 대하여 글라저스펠트는 다음과 같이 주장한다. 첫째, 우리는 세상에 대한 실제 모습을 가질 수 없으며, 둘째 세상에 대한 실제 모습을 갖는다고 하더라도 그것이 정말로 그런지 알 수 없다. 왜냐하면 그러기 위해서는 세상에 대한 우리의 이해와 이러한 이해를 통하여 표상되는 세상 모두를 포괄할 수 있는 고차원의 지도가 필요하며, 그 고차원의 지도가 당시에는 진리로 보일지도 모르지만 무한히 개선되어야 한다는 점을 알아야 하기 때문이다.

결과적으로 "이제 인간은 접근 불가능한 실재에 대한 '구조적 특성'을 찾아야만 하는 탐구자에서, 세계를 경험하는 유기체로서 지각하고 인식한 문제들을 해결하기 위하여 인지적 구조를 구성하는 존재로 바뀐다"(Glasersfeld 1983: 50). 따라서 우리가 생각하는 것들은 우리의 경험 속에 있는 세상이며, 그것이 바로 우리의 개인적 인지 모델 또는 '세계 지도'라고 볼 수 있다. 우리의 '세계 지도'가 실재에 대한 우리의 경험과 잘 들어맞는다고 하더라도, 바로 그 실재를 정확하게 나타낸 것이라고 볼 수는 없다. 즉, 잠긴 문을 열 수 있는 열쇠는 지도일 뿐이지 실재는 아니다.

피아제의 발생적 인식론에 따르면, 인식 주체로서 인간은 정보를 받아들일 수 있는 감각적 입력 장치를 갖고 있으며, 인지적 구조라는 렌즈를 통하여 입력된 정보를 해석한다(구성한다). 이때 잘 적응된 인지적 구조들은 하나의 집합체를 형성하며 외부 세계에 대한 행동에 영향을 주게 된다. 즉, 외부 환경에 대한 인간의 행동을 안내하고 경험한 것을 표현하게 하는 인지적 구조를 형성하게 되는데 이것이 바로 인지적 스키마이다. 이러한 인지적 스키마는 인간이 경험한 세계에 잘 맞는지에 따라 변화의 과정을 겪는다. 잘 맞는 스키마는 잠정적으로 받아들여지고 행동을 안내하는데 적용된다. 인지는 이러한 순환적인 피드백의 과정을 거쳐서 나타났다. 좀 더 넓은 시각에서 보면, 대부분의 유기체는 이러한 스키마의 적응과정을 통하여 자신이 경험한 세계에 적응하려는 경향이 있다.

급진적 구성주의의 관점에서 보면, 앎의 주체로서 인간은 실제적이며 저항적이며 자신의 행동을 통제하기는 하지만, 자신의 스키마가 외부 세계에 잘 맞는지 아닌지를 판단할 수 있는 방법이 없다. 자신의 스키마와 외부 세계 사이가 일치하지 않을 수 있으며, 일치한다고 해도 그것을 입증할 방법이 없다. 결과적으로 급진적 구성주의는 존재론적 관점에서 중립적인 입장에 있으며, 인식 주체의 경험 대상인 세계의 특성에 대해서 아무런 가정을 하지 않는다. 급진적 구성주의의 인식론은 결국 전적으로 오류주의, 회의주의, 비객관주의에 입각하고 있다. 세상에서 벌어지는 일에 대하여(심지어 수학과 같은 영역에서도) 진정으로 옳은 지식이 존재하지 않는다는 사실은 인식론적 상대주의의 하나로 볼 수 있다. 이것은 앞에서 글라저스펠트가 말한 두 번째 원리에 해당하는 것이다. 따라서 급진적 구성주의에서는 모든 지식은 개인이 경험한 세계와의 상호작용을 기반으로 하여 구성된다는 학습이론을 추구한다.

급진적 구성주의에 대해서는 생산적이고 획기적인 연구들이 많이 있다(Davis et al., 1990; Glasersfeld, 1991; Steffe & Gale, 1995; Steffe et al., 1996; Steffe, 1991). 실제로 급진적 구성주의는 수학 및 과학 교육에서 매우 중요한 위치를 차지하고 있으며, 지배적인 인식론적 관점이다. 또한 급진적 구성주의는 존재론적, 인식론적, 방법론적, 교수법적 측면에서 완벽하게 개발된 교육적 패러다임을 제시하고 있으며, 특히 최근에는 교육적 측면에 대한 연구가 광범위하게 이루어지고 있다.

급진적 구성주의에 대한 핵심적 비판 중 하나는 인식 주체(학습자)의 개별성, 독자성에 관한 것이다. 경험한 세계에 대한 표상은 지극히 개인적이며 독자적이다. 즉, 각 개인의 필요와 목적에 잘 맞도록 인지 구조를 형성한다. 각 개인의 인지 구조의 타당성에 대해서는 어떠한 논박도 할 수 없을 것이다. 그러나 이렇게 되면 개인 상호간의 의사소통, 또는 사회적 가치는 차치하더라도 감정이나 관심사를 공유할 수 있는 사회적 기초를 마련할 수 없을 것이다. 따라서 개인적 지식의 조정을 통하여 사회적 지식을 공유하고, 모든 인간은 서로 분리되지 않은 상태 즉 다른 사람들 속에서 존재하고 있다는 점을 인정할 수 있는 새로운 패러다임이 필요하다.

그러나 글라저스펠트는 이러한 비판에 대하여 해결방안이 있다고 주장하였다. 개인적 지식은 다른 사람에 대한 개인적 구성의 과정을 통하여 지속적으로 사회적 지식으로 변화될 수 있다는 것이다. 이러한 인식론은 자기모순이 없는 이론으로서 쉽게 비판의 대상이 되어서는 안 된다는 것이 글라저스펠트의 생각이다. 마찬가지로 급진적 구성주의가 자기 자신만의 밀봉된 실체에 개인을 가두어 놓는다는 비판을 받고 있지만, 존재론적으로 중립적인 관점을 취하는 급진적 구성주의는 자기중심적이지 않다. 그럼에도 급진적 구성주의는 개인들 사이에, 그리고 개인과 사회 사이에 장벽을 쌓아 올린 것처럼 보인다. 반면에 다소 약한 인식론적 관점을 취하고 있는 소박한 구성주의에서는 특정한 지식의 존재를 가정하고 있으며 집단적 도덕성을 인정하고 있다. 그러나 이러한 것들이 급진적 구성주의에서는 쉽게 인정되지 않는다.

구성주의에서 사회적 측면을 어떻게 수용할 것인지를 해결하기 위하여 여러 연구자들이 고심해왔다(Glasersfeld, 1991, 1995; Bauersfeld, 1995; Steffe & Gale, 1995; Wood, Cobb & Yackel, 1995). 실제로 이들 중에는 피아제의 인식론이나 급진적 구성주의에 기반으로 둔 사회적 구성주의를 주장한 연구자들도 있다(예를 들어, Bauersfeld, 1980, 1994). 이러한 연구물들을 통하여 급진적 구성주의가 갖고 있었던 초창기의 문제점들은 해결되고 있으며, 개인적 지식(주관적 지식)과 사회적 지식(객관적 지식) 사이의 순환을 주장한 라카토스(Lakatos, 1978)의 관점에서 연구가 진행되고 있다.

사회적 구성주의

사회적 구성주의는 수학교육 심리학에서 최근에 개발된 구성주의적 관점으로서 몇 가지 서로 다른 유형이 있다. 이 유형들을 구분하는 기준은 개인적 측면과 사회적 측면 중 어떤 것을 우선으로 하느냐에 있다. 특히 개인적 측면을 중시하는 피아제의 이론을 기반으로 하는가, 아니면 사회적 측면을 중시하는 비고츠키 이론을 기반으로 하는가에 따라 구분된다(Ernest, 1994b). 피아제 이론을 바탕으로 한 사회적 구성주의는 Wood, Cobb & Yackel(1995), Bauersfeld(1995) 등과 같은 최근의 연구물에서 등장한 것이다. 이러한 형태의 사회적 구성주의는 급진적 구성주의의 문제점을 보완하고 정교화한 것으로 볼 수 있다. 말하자면 여기서는 사회적 측면을 무시했을 때 발생하는 인식론적 문제로부터 자유로울 수 있다(Ernest, 1994b). 그러나 가령 사회비판론자들이 주장하는 사회·정치적 문제를 어떻게 수용하고 처리할 것인지에 대해서는 아직까지 분명하지 않다.

두 번째 유형의 사회적 구성주의는 사회학 및 철학에 그 뿌리를 두고 있다. 특히 상징적 상호작용론과 러시아 심리학으로부터 많은 영향을 받았다. 이후 이 이론은 수학교육으로 스며들기 전에 사회심리학, 교육이론에 영향을 주었다(Ernest, 1994b). 피아제 이론보다는 비고츠키 및 미드(Mead)의 이론을 기반으로 한 이 유형의 사회적 구성주의는 가장 최근에 등장한 구성주의의 형태(Ernest, 1991a, 1998a)로서, 앞에서 언급한 유형과는 완전히 다른 관점을 취하고 있다. 이 유형은 피아제 이론에서 출발한 구성주의의 모습을 갖고 있지 않은 사회적 구성주의(social-constructivism)라고 볼 수 있다.

수학교육의 관점에서 볼 때, 사회적 구성주의가 갖고 있는 의문점은 다음 두 가지로 볼 수 있다. 첫째, 사회적으로 구성된 것으로서 공유된 수학적 지식의 본질을 어떻게 설명할 것인가? 공유된 사회적 지식은 앞에서 논의한 구성주의와는 전혀 다른 형태의 학습에 초점을 두고 있기 때문이다. 둘째, 사회적 구성주의에서는 개인적 학습, 즉 수학적 지식의 개인적 구성을 어떻게 설명할 것인가? 이러한 질문에 답하기 위해서는 지식의 개인적 재구성과 '객관적(즉, 사회적으로 받아들여진)'인 수학적 지식을 구성하는 데 개인이 어떻게 기여하는지를 설명해야 한다. 두 번째 질문이 갖고 있는 중요한 시사점은 앎(지식)과 생각(사고)에 있어서 언어의 중요성이다. 사회적 구성주의자들의 인식론에서 볼 때, 수학적 지식은 사회적 측면과 개인적 측면 두 가지가 서로 밀접하게 관련되어 있다. 이러한 점에서 사회적 구성주의는 교육철학으로 의미 있게 고려될 만하다.

사회적 구성주의에서는 개인적 영역과 사회적 영역이 서로 밀접하게 관련되어 있다고 본다. 지식은 (개인적인 과정뿐만 아니라) 다른 사람들과의 사회적 상호작용을 통하여 형성된다. 여기서 중요한 점은 인식 주체들 사이에는 사회적으로 공유된 삶의 형식과 공유된 '언어 게임'이 존재한다는 것이다(Wittgenstein, 1953). 그것은 바로 인식 주체들 사이에서 이루어지는 내적 언어 상호작용과 외적 언어 상호작용이다(Harré, 1979; Rorty, 1979). 사고는 의사소통이 내면화된 것이며, 정신(mind)은 좀 더 넓은 맥락의 한 부분으로서 '사회적으로 구성된 의미'라고 볼 수 있다(Bishop, 1985). 정신은 사회적인 것이며 의사소통을 통하여 형성된다. 그 이유는 다음 세 가지 가정 때문에 그렇다. 첫째, 개인적 사고는 내면화된 의사소통에서부터 출발하며 그것을 통하여 형성된다. 둘째, 이후의 모든 개인적 사고도 의사소통에 의하여 구조화된다. 셋째, 일부 정신적 작용은 집단적이다(예를 들어, 집단적 문제해결). 이것은 언어와 기호적 의미가 매개되어 있다는 비고츠키의 견해를 받아들이는 것이다. 이러한 언어적 기호에서 기표(기호의 형태, signifier)와 기의(기호의 내용, signified)는 의미의 사회적 구성(그리고 더 나아가 개인적 구성)에 있어서 강력한 요소로 작용하며, 궁극적으로는 의식적이고 자발적으로 통제된 기호적 사고와 행동을 이끈다(Vygotsky, 1978).

사회적 구성주의자들의 관점에서 보면, 사회적으로 구성된 세계는 물리적 세계와 사회적 세계에 대한 공유된 경험에 의하여 통제되고 만들어진다. 이 사회적으로 구성된 실재는 사회적으로 공유된 가정에 따라 구조화될 뿐만 아니라, 존재론적 실재의 조건에 적합하도록 언제든지 수정될 수 있다. 결과적으로 인간의 지식으로는 실재에 대한 '진정한 그림(true picture)'을 그려낼 수 없다. 이것은 급진적 구성주의도 공유하고 있는 생각이다. 사회적 구성주의가 급진적 구성주의와 구분되는 가장 중요한 차이점은 각 개인은 세상에 대한 자기 자신만의 주관적인 그림이 있지만 이러한 자신의 주관적인 지식에 기초하여 객관적 지식의 영역에서 잠재적으로 기여할 수 있다는 것이다. 즉, 개인은 수학적 지식을 증가시킬 뿐만 아니라 동시에 사회적 실재의 지속적인 발전에 참여하고 있다는 것이다. 또한 각 개인들은 자신이 처한 상황이나 환경에 따라 자기 나름대로의 세계관을 갖고 있지만, 그럼에도 대부분의 사람들은 여러 형태의 삶에 참여함으로써 사회적 실제를 공유하면서 살아간다.

사회적 구성주의의 두 번째 인식론적 관점은 오류가능주의(fallibilist)에 바탕을 두고 있으며, 수학적 지식을 문화적·역사적 구성물로 본다는 것이다. 이러한 관점은 주로 비트겐슈타인(Wittgenstein)과 라카토스의 연구에 그 바탕을 두고 있다. 비트겐슈타인(1953)은 의미에 대한 사회적 이론을 주장하면서, 수학적 지식은 '삶의 형식(forms of life)'에 내재되어 있는 '언어 게임(language games)'을 통하여 구성된다고 보았다. 여기서 삶의 형식이란 공유된 사회적 관행으로서 우리는 이 사회적 관행 안에서 행동하고 의사소통한다. 예를 들어, 교실이나 수학자 집단에서 통용되는 사회적 관행을 예로 들 수 있다. 이러한 점에서 볼 때, 사회적 구성주의는 하버마스(Habermas, 1981)의 의사소통 행위이론과 같은 맥락에서 이해될 수 있을 것이다.

라카토스(1976)는 수학을 수학적 문제를 다루는 사람들 사이의 대화로 보고, 수학적 지식의 발생 메커니즘을 변증법으로 설명하고 있다. 이러한 라카토스의 주장은 사회적 구성주의자들이 수용하는 이론이다. 라카토스 이론의 핵심은 수학적 발견의 논리(Logic of Mathematical Discovery)에 있다. 즉, 수학적 지식의 변증법적 발견술이 그것이다. 이 과정을 통하여 개별 수학자들의 산물(정의, 추측, 비형식적 증명들)은 비판에 노출되고, 이 비판에 대응하여 재형성이 이루어지는 반복적인 변증법적 순환을 거치게 된다. 다시 말해서, 공표된(말이나 글 또는 다른 매체로) 수학은 라카토스의 발견술에 따라 다른 사람들에 의하여 검토되고 비판을 받게 되며, 그 결과 재형식화되고 객관적인(즉, 사회적으로 용인된) 수학적 지식으로 받아들여지게 된다. 이것은 사회적 구성주의들이 견지하고 있는 수학적 지식의 의사소통적 측면과 관련이 있다(Ernest, 1994a, 1998a).

사회적 구성주의에서는 수학적 지식의 생성에 있어서 개인적 측면과 사회적 측면을 서로 관련지으려고 하며, 이러한 주장을 교육 분야와 연구 분야 모두에 적용하려고 한다. 수학교육의 맥락에서 보면, 개인은 자신의 수학적 지식(또는 수학교육적 지식)을 다음 두 가지 목적으로 사용한다. 즉, (a) 수학적 지식을 학습자에게 직접적으로 또는 간접적으로 전달하기 위하여(즉, 교육), 그리고 (b) 다른 사람의 수학적 지식을 비평하고 정당화하는 변증법적 과정에 참여하기 위하여(즉, 평가).

마찬가지로 전문적인 수학 연구의 맥락에서, 개인은 (a) 수학적 지식을 구성하기 위하여, 그리고 (b) 다른 사람의 수학적 지식을 비평하고 정당화하는 변증법적 과정에 참여하기 위하여 자신의 수학적 지식을 사용한다. 이 두 가지 경우 모두, 수학자의 기호적 생성은 의사소통을 통한 정당화 과정에서 나타나는 목소리 중 일부라고 볼 수 있다.

즉, 수학적 지식이 생성되고 전달되고 재생산되는 종합적인 생산-재생산의 사이클이 존재한다. 대중의 수학적 지식(사회적으로 통용되는)은 문자 형태로 전달된다. 개인의 수학적 지식은 교육을 통하여 자체적으로 변형됨으로써 개인의 지적 용량을 증가시킨다. 대중의 수학적 지식과 개인의 수학적 지식을 중재하는 매개체는 의사소통이다.

다시 말해서, 의사소통은 개인별 정신의 구성뿐만 아니라 공유된 지식의 구성에 있어서도 중요한 역할을 한다. 이것은 교육철학과도 관련이 있다. 의사소통은 수학 교수·학습에서 핵심적인 역할을 한다. 개별 학습자는 사회적으로 상황화된 다양한 유형의 의사소통에 참여함으로써 언어적, 수학적, 논리적 지식을 개발한다. 일반적인 수학 학습 상황에서, 교사는 학생들에게 수학적 지식을 의사소통(전달)하기 위하여, 교재와 자신의 지식에 기초하여 수학적 의사소통 과정을 구조화한다. 그러나 이것은 수학적 지식이 형성되기 위한 필요조건이지 충분조건이 아니다. 수학적 지식을 생성하고, 평가하고, 수정하고, 정당화하기 위해서는 두 가지 방식의 의사소통에 지속적으로 참여할 필요가 있다. 각각의 인식 주체에 의하여 구성된 주관적 지식은 필연적으로 서로 관련된다. 즉, 개인적 지식의 공표와 활용을 통하여, 개인적 지식은 대중적 지식이 되며, 개인적 지식이 수정과 보완의 과정을 거쳐서 다른 지식으로 대체되거나 확장된다.

교육적 시사점

궁극적으로 인식론이나 교육철학을 논의하는 이유는 교육학 특히, 교육과정이나 교수법적 측면에서 실제적인 시사점을 얻고자 하는 것이다. 그러나 오로지 한 가지 인식론에 바탕을 두거나 아니면 특정한 인식론을 완전히 배제하는 교육학 이론은 거의 없다. 교육학 이론은 여러 가치관과 가정들, 그리고 인식론에 바탕을 두고 있다. 그러나 여러 가치관과 가정들을 고려하여 학습자들에게 특정한 지식이나 경험을 제시하거나 의사소통하기 위한 실제적인 방법에 관한 이론은 존재한다. 즉, 소위 말하는 실제 교육을 위한 시사점은 논리적 연역체계에 의하여 결정되는 것이 아니라, 특정한 교육철학을 공감하고 추구하는 일관성 있는 접근방식일 뿐이다. 이러한 한계를 인정하면서, 앞에서 논의한 세 가지 유형의 구성주의적 관점에서 얻을 수 있는 공통적인 교육적 시사점을 제시하면 다음과 같다.

- 학습자가 이전에 구성한 것들에 세심하게 주의를 기울인다.
- 학습자의 오류와 오개념을 수정 및 교정하기 위하여 인지적 갈등에 기초한 교수

법을 강구한다.
- 학습자의 메타인지와 전략적 자기-조정에 주목한다.
- 수학적 개념을 다양하게 표현한다.

이러한 교육적 강조점을 넘어서서 급진적 구성주의와 사회적 구성주의로부터 얻을 수 있는 보다 강력한 시사점은 다음과 같다.

- 의미의 주관적 구성을 강조한다. 즉, 의미를 구성하고, 그 결과로 생긴 개인의 '수학-세상'의 구성을 강조한다.
- 학습자의 인지, 신념, 지식의 개념화에 관심을 기울인다.
- 교사의 지식, 신념, 그리고 교과 및 교수·학습에 대한 교사의 이론과 개념화에 대하여 주목한다.
- 학습자의 주관적 지식을 강조한다.
- 보다 신중하고 사려 깊은 교육을 위한 방법론적 접근방법이 필요하다: 진리를 추구하는 데는 왕도가 없음.
- 수학교육의 과정 목표로서 수학적 가치, 수학교육의 목적 및 목표의 중요성을 강조한다.
- 학습자를 위한 학습목표의 중요성 인식, 학습자의 목표와 교사의 목표를 구분한다.

사회적 구성주의에서 제시하고 있는 수학수업에 대한 시사점은 다음과 같다.

- 수학적 지식의 언어적 기초 특히, 수학에서 기호의 역할을 강조한다.
- 지식의 사회적 구성; 논의, 협력, 협상과 공유된 의미를 강조한다.
- 수학적 개념, 방법, 기호화, 정당화와 관련된 의사결정, 구성, 협상에 포함된 사회적 과정을 강조한다.
- 지식의 정당화(학습에 대한 평가)에 포함된 사회적 과정에 주목한다.
- 민속 수학이나 길거리 수학과 학교 수학 간의 차이점에서 나타나는 사회적 맥락의 중요성을 인식한다.
- 수학이 발생하는 사회적, 문화적 맥락(대인 관계, 사회 제도 및 권력 관계를 포함하여)을 강조한다.

• 수학의 역사적, 문화적 맥락(인공물, 도구와 개념의 사용을 포함하여)을 강조한다.

이 장에서는 수학 교수·학습을 재개념화하는 데 도움이 될 수 있는 구성주의의 세 가지 유형을 살펴보았다. 물론 여기서 언급한 것과 다른 관점의 구성주의와 학습 이론 등을 포함하여 누락된 부분이 많이 있을 것이다. 구성주의가 수학 교수·학습을 재개념화하는 데 도움이 되겠지만, 그렇다고 해서 구성주의가 다른 교수법 이론이나 방법들을 폄하하거나 완전히 배척할 수 없을 것이다. 지금까지 항상 그래왔듯이 기계적 암기학습, 연습과 훈련, 수동적인 강의식 학습도 학습을 유발할 수 있다. 수동적인 학습도 정신적일 수 있기 때문에, 학습자가 능동적이지 않다고 하더라도 이것은 큰 문제가 되지 않는다. 특정한 교수법이 다른 교수법보다 더 효율적일 수 있겠지만, 학습에 대한 구성주의적 관점에서는 원론적으로 어떤 교수법도 배제하지 않는다. 구성주의적 교수·학습은 '발견학습'이나 '문제해결학습'과 같지 않다(Goldin, 1990). 이러한 점에서 세 가지 유형의 구성주의에 따라 몇 가지 가능한 교수법적 시사점을 제시하였다. 물론 각 구성주의 유형별로 엄밀하게 구분되지는 않을 것이다.

Chapter 7

수학적 과정과 전략

문제해결은 수학에서 핵심적인 능력이다(Cockcroft, 1982, p.249).

많은 학자들이 수학에서 문제해결의 중요성에 대하여 지속적으로 주장하였다. 문제해결이 학교수학에서 중요한 활동이어야 하다는 주장은 브로넬(Brownell, 1942), 폴리아(Polya, 1945) 등과 같은 초창기 학자들로 거슬러 올라갈 수 있다. 가네(Gagné, 1985)는 문제해결을 최고 수준의 학습 형태라고 보았으며, "학습자가 새로운 문제 상황을 해결하기 위하여 이전에 학습한 규칙들을 찾아서 적용하는 과정…" 이라고 정의하였다.

오턴(Orton, 1992)도 마찬가지로 문제해결을 다음과 같이 창의적인 수학적 사고 과정으로 기술하였다.

문제해결은 일반적으로 학습자가 새로운 문제 상황을 해결하기 위하여 이전에 학습한 지식, 법칙, 기능과 개념들을 조합하여 적용하는 과정이다.

최근에는 수학이 이미 결정된 지식체가 아니라, 학습자가 참여하는 창의적인 활동을 통하여 구성되는 지식체라는 주장이 널리 인정되고 있다(Ernest, 1991a, 1998; Davis & Hersh, 1980). 이러한 관점에서 보면, 수학적 규칙과 기능을 학습하는 이유는 문제를 창의적으로 해결하는 능력을 갖기 위한 것이라고 주장할 수 있다. 위에서 인용한 Cockcroft(1982)에서 제시한 바와 같이, 많은 학자들이 문제해결은 수학의 진정한 본질이라고 주장한다.

문제해결을 엄밀하게 정의하기는 쉽지 않다. 그러나 문제해결을 수학적 사고과정에 대한 고려 없이 단순히 정형화된 연습이라고 볼 수는 없을 것이다. 폴리아(1981)는 이러한 수학적 사고과정에 초점을 두고 문제해결을 다음과 같이 정의하였다.

문제해결은 어떤 목표를 분명히 인식하고는 있지만 바로 해결되지 않는 그 목표를 달성하기 위하여 의도적으로 어떤 적절한 행동을 찾는 것이다. 문제를 해결했다는 것은 바로 그러한 행동을 찾았다는 것을 의미한다.

찰스와 레스터(Charles & Lester, 1982, p.5)는 문제를 다음과 같은 사람이 접한 상황 또는 과제라고 정의하였다.

① 해를 찾기 원하거나 찾아야 할 필요가 있는 과제를 접한 사람
② 해를 찾기 위한 유용한 절차가 아직 준비되어 있지 않은 사람
③ 해를 찾기 위한 시도를 하고 있는 사람

이 정의에는 세 가지 중요한 점이 있다. 학생들은 목표를 달성하려는 욕구가 있어야 하며, 목표를 바로 달성할 수 있는 방법이 마련되어 있지 않아야 하고, 목표를 달성하기 위하여 의식적으로 노력해야 한다. 폴리아(1981: 63)는 해결방법을 찾고자 하는 욕구의 개념을 다음과 같이 설명하였다.

문제를 해결하려는 욕구는 생산적인 바람으로서 궁극적으로는 해결책을 만들어내는 바탕이 되며, 결국에는 정신적 행동에 변화를 가져올 것이다.

따라서 문제해결은 수학에서 가장 핵심적인 활동 중 하나로 볼 수 있으며, 새롭거나 일상적이지 않은 분야에 수학 지식을 창의적으로 사용하는 것으로 볼 수 있다. 2장에서 간략히 논의된 바와 같이, 벨 등(Bell et al., 1983)이 구분한 일반적 문제해결 전략은 문제해결에서 핵심적인 역할을 한다. 일반적 문제해결전략은 문제해결의 각 단계에서 어떤 기능이나 지식을 사용할지를 선택하는 데 필요한 방법이나 절차를 의미한다.

문제와 문제해결은 수학의 역사와 수학교육심리학 두 분야에서 중요한 역할을 해왔다. 이 두 분야에서 문제와 문제해결은 지식의 성장을 촉진하는 역할을 했다. '쾨니히스베르크의 다리 문제'와 같은 역사적 문제는 오일러에게 자극을 주어 위상수학을 탄생시켰으며(Wolff, 1963), 오늘날에는 학교 수업에서 학생들에게 네트워크 이론으로 소개되고 있다. 그러나 문제해결과 관련해서 가장 중요한 것은 수학적 과정과 전략에 관한 것이다. 파푸스(Pappus)는 문제해결 방법을 분석적 방법과 종합적 방법으로 구분하였다. 거의 2000년이 지난 다음에, 이러한 구분은 심리학자들이 인지과정의 수준을 구분하는 데 사용되고 있다(Bloom, 1956, 2장 참조). 데카르트와 폴리아(1945)와 같은 수학방법론자들은 심리학과 수학교육 분야에서 문제해결에 대

한 연구를 토대로 문제해결 발견술(문제해결에서 일반적으로 사용될 수 있는 전략이나 전술)을 제시하였다(Groner *et al.*, 1983). 컴퓨터의 등장으로 새로운 방법들이 개발되고 있는 시대임에도, 수학적 문제해결에 대한 연구는 수학의 역사로부터 배울 점이 여전히 많이 있다.

폴리아의 문제해결 발견술

현재까지 문제해결을 위한 일반전략이나 발견술에 가장 큰 영향을 준 사람은 바로 폴리아(1945)라고 할 수 있다. 그는 발견술을 무엇인가를 찾아내는 것 즉, 발견하는 기술로 정의하였다. 따라서 발견술은 시행착오, 과거의 경험 등에 의존하여 무엇인가를 찾아내는 방법을 의미한다. 발견술은 일반적인 전략으로서 문제해결에 도움이 되기도 하지만, 발견술을 적용한다고 해서 성공적인 문제해결을 보장하지는 않는다. 즉, 발견술은 기대했던 결과를 확실하게 얻을 수 있는 어떤 절차나 알고리즘과는 다른 것이다.

폴리아는 수학자들이 수학 문제를 해결하는 방법을 연구하는 데 일생을 바친 창의적인 수학자였다. 그는 중등학생 및 대학생들에게 문제해결전략을 가르치는 방법에 관한 여러 권의 책을 저술하였다. 가장 잘 알려져 있고, 수학교육 및 심리학 연구에 가장 영향을 준 것은 바로 그의 첫 번째 책(Polya, 1945)이다. 이 책에서 그는 문제해결 절차를 다음과 같이 4단계로 구분하였다.

〈표 7.1〉 폴리아의 문제해결 4단계

단계	절차
1단계	문제 이해
2단계	계획 수립
3단계	계획 실행
4단계	검토(반성)

폴리아가 제시한 문제해결 4단계는 ① 문제 이해, ② 계획 수립, ③ 계획 실행, ④ 검토(반성)이다. 첫 번째 단계는 문제 이해로서, 문제 자체에 의미를 부여하고 좀 더 이해하기 쉬운 형태로 문제를 표현하는 단계이다. 이 첫 번째 단계가 단순하거나 사소하게 보일 수 있지만, 문제를 그림으로 나타내거나 수식으로 표현하는 활동이 이루어지는 중요한 단계이다. 또한 제시된 문제가 충분한 정보를 제공하고 있는지 또는 관련 없는 정보를 제공하고 있는지를 판단하는 단계이다. 문제해결은 문제에 대한 확실한 이해로부터 시작한다는 점에서 문제 이해는 매우 중요한 단계이다.

두 번째 계획 수립은 문제를 어떻게 해결할지를 결정하는 단계로서, 일반적인 전략을 적용하여 문제해결에 대한 명시적 또는 암묵적 계획을 수립하는 단계이다. 세 번째 단계는 문제를 해결하기 위하여 전략을 적용하는 단계이다. 이 두 중간 단계에서는 창의성, 통찰력, 독창성이 요구된다.

네 번째 단계는 해결방법을 검토하고, 확인하거나 타당성을 검증하는 단계이다. 이 단계에는 결과를 확인하는 것만으로 끝나는 것이 아니라, 문제를 확장하거나 해결방법을 일반화하고, 문제의 의의를 생각해보는 것도 포함된다.

문제해결 전체 과정은 순환적이며, 문제해결자는 앞 단계로 되돌아가는 경우에는 그 순환 과정을 여러 번 반복할 수 있으며, 때로는 어떤 순환 과정은 완성되지 않은 채로 끝나기도 한다.

수학적 문제해결 과정은 시작점에서 출발하여 도달하기를 원하지만 도달하는 길을 잘 모르는 일종의 여행과도 같다. [그림 7.1]은 이것을 그림으로 나타낸 것이다.

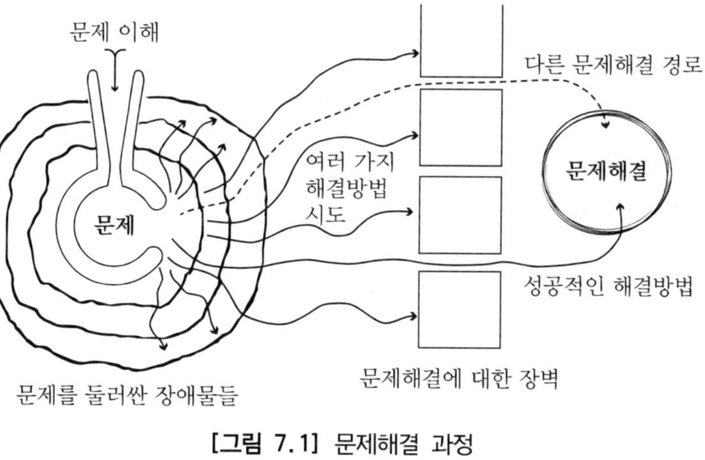

[그림 7.1] 문제해결 과정

그림을 보면, 문제 이해는 문제의 '내부'로 들어가는 것이다. 문제를 해결하기 위한 첫 번째 단계는 문제를 둘러싸고 있는 장애물들을 극복하기 위하여 여러 가지 해결 방법을 시도하는 것이다. 그 다음에는 문제해결로 가는 길을 가로 막고 있는 장벽을 어떻게 극복하는지를 보여주고 있다. 마지막으로 점선은 한 가지 해결방법 이외에 다른 해결방법이 있음을 보여주고 있다.

수학적 문제해결의 핵심적인 특징은 문제해결의 궁극적인 목적은 답을 구하는 산물(product)이 아니라, 수학을 행하는 과정(process)이어야 한다는 점이다. 최종적인 산물이 수학에 초점을 둔 것일지라도 말이다. 수학적 과정을 강조하는 것은 수학적 사고의 개발에 초점을 두는 것이다. 물론 수학적 사고를 하기 위해서는 수학적 사실, 기능, 개념들을 알아야 하며, 수학적 도구, 도표와 그림도 사용할 줄 알아야 한다. 그러나 수학적 사고의 핵심적인 특징은 시각화(정신적 이미지 생성), 표상화, 기호화, 설명, 묘사, 논의, 가설 설정, 일반화, 특정 사례 제시, 분류, 해석, 규칙 찾기, 증명과 같은 전략이나 과정을 포함하는 창의적·탐구적 사고라는 점이다.

문제해결과 수학적 과정에 관한 문헌들을 살펴보기 전에, 수학에서 '문제'라는 용어를 어떻게 정의하는지 살펴볼 필요가 있다. 1979년 웹스터 사전에 따르면, 문제에 대한 정의는 다음과 같이 두 가지로 제시되어 있다.

- **정의 1**: 알고 있는 것을 적용해야 하거나 무엇인가 해야 할 필요가 있는 것
- **정의 2**: 혼란스럽거나 어려운 질문이나 의문

[정의 1]은 어떤 과제나 활동을 의미한다. 일반적으로(특히 역사적으로 봤을 때) 이것은 정형 과제나 연습이라고 볼 수 있다. 반면에 [정의 2]는 혼란스럽거나 어려운 비정형 과제를 의미하며, 여기서 이러한 문제를 해결하기 위해서는 수학적 사실, 기능, 절차를 창의적으로 그리고 새롭게 적용해야 할 필요가 있다.

르블랑(LeBlanc, 1982)도 마찬가지로 문제를 두 가지 유형으로 제시하였다. 첫 번째 유형은 '교과서 문제'로서, 이전에 학습한 알고리즘이나 공식을 사용하여 해결하는 문제이다. 즉, '교과서 문제'는 이전에 획득한 지식이나 기능을 강화하는 것으로 앞에서 살펴본 [정의 1]에 해당한다. 두 번째 유형은 '과정 문제'로서, 특정한 전략을 사용하여 해결되며 학생들에게 더 많은 사고와 능동적인 참여를 요구하는 문제이다.

이 유형의 문제는 넓게 보면 앞서 살펴본 [정의 2]에 해당한다고 볼 수 있다.

이러한 구분은 절대적인 것도 아니며 학습자와 별개로 논의될 수 없다. 어떤 학습자에게는 혼란스럽고 어려운 문제지만, 다른 사람에게는 정형화된 문제일 수 있다. 또한 특정한 문제를 그 당시에는 어렵게 여겼지만, 나중에는 정형화된 문제로 인식할 수도 있을 것이다. 예를 들어, “배 한 대에는 자동차 4대를 실을 수 있다. 20대를 싣고 강을 건너려면 몇 번 왕복해야 하는가?”와 같은 문제가 취학 전에는 비정형 문제일 문제이지만, 나중에 대부분의 초등학생과 중등학생에게는 정형 문제가 된다. 여기서 중요한 점은 정형화된 절차가 바로 준비되어 있지 않은 두 번째 유형의 문제를 해결하기 위해서는 해결 가능한 방법을 안내하는 일반 전략이 요구된다는 것이다.

물론 복잡하고 비정형인 수학적 탐구와 문제해결에는 순수수학, 응용수학, 간학문적 지식을 포함하여 광범위한 활동들이 수반된다. 다음과 같은 활동들이 그것이다.

- 수학을 포함하고 있는 문제 해결하기
- 수학 교실 밖에서 일어나는 학습자의 경험과 관련된 ‘실제적인’ 수학문제 해결하기
- 수학적 출발점으로서 개방형 수학문제 탐구하기
- 모델링이나 다른 교구를 사용하여 실제적인 수학적 상황 탐구하기
- 간학문적 또는 다학문적 주제에 대한 탐구 수행하기

따라서 문제에 포함된 인지적 측면과 일반전략들뿐만 아니라 문제의 맥락 및 상황도 중요하다.

문제의 유형은 관점에 따라 서로 다르게 구분될 수 있겠지만, 레스터와 찰스(Lester & charles, 1982)는 문제를 6가지 유형 즉, 연습 문제, 간단한 번역 문제, 복잡한 번역 문제, 과정 문제, 적용 문제, 퍼즐 문제로 분류하였다. 각 문제의 유형에 대한 설명은 다음과 같다.

1. 연습 문제

$$\begin{array}{r} 346 \\ \times \quad 28 \\ \hline \end{array}$$

연습 문제는 숙달을 위한 연습으로서 알고 있는 알고리즘을 적용하는 문제이다. 이것은 단순하고 정형적인 과제로서, 알고 있는 알고리즘을 적용하고 이전에 학습한 기능들을 강화한다는 점에서 앞에서 언급했던 르블랑의 '교과서 문제'와 관련이 있다.

2. 간단한 번역 문제

정희는 열대어 7마리를 키우고 있다. 준서는 열대어 4마리를 키우고 있다. 정희는 준서보다 열대어를 몇 마리 더 키우고 있는가?

3. 복잡한 번역 문제

탁구공 회사에서는 탁구공 3개를 한 통에 담고, 한 상자에는 24통을 담아서 포장한다. 문방구점에서 탁구공 1800개를 주문하였다면, 몇 상자를 주문한 것인가?

학생들이 두 번째와 세 번째 문제를 해결하기 위해서는 마음속이나 글로 문제를 수식으로 번역해야 한다. 간단한 문제는 한 번의 번역이 필요하지만 복잡한 문제는 두 번 이상의 번역이 필요하다. 이 두 가지 유형의 문제는 학습한 기능을 적용하고 학습한 수학적 개념의 이해를 강화한다는 점에서 '교과서 문제'와 관련지을 수 있다.

4. 과정 문제

15명이 리그전으로 체스 게임을 하여 우승자를 가리기로 하였다. 모든 참가자들이 한 번씩 게임을 한다면, 우승자를 가리기 위해서는 게임을 몇 번 해야 하는가?

네 번째 유형의 문제는 단순화하기 전략과 관련이 있다. 즉, 학생들은 참가자를 2명, 3명, 4명 등으로 단순화하여 풀어볼 수 있으며, 나중에는 원래 문제를 해결하기 위한 규칙성을 발견할 수 있다.

5. 적용 문제

여러분의 학교에서는 한 달에 복사지를 종류별로 몇 장이나 사용하는가?

적용 문제는 현실적인 상황과 관련이 있으며, 학생들이 문제를 해결하기 위해서는 이전에 획득했던 개념, 기능 및 절차를 모두 사용해야 한다. 즉, 문제의 해결책을 얻기 위하여 어떤 활동을 해야 할지 결정해야 한다.

6. 퍼즐 문제

> 아래와 같은 9개의 점을 모두 지나도록 4개의 직선을 그으시오. 각 직선은 다른 직선의 적어도 한 끝점과 만나야 한다.
>
> 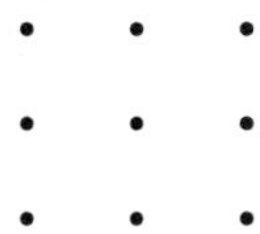

퍼즐 문제는 막연한 추측이나 일반적이지 않은 방법으로 풀리는 문제이다. 이 문제는 앞에서 언급한 문제들과는 다르다. 또한 퍼즐 문제는 다른 문제들과 달리 문제를 깊이 분석한다고 해서 풀리는 것도 아니다. 항상 그런 것은 아니지만, 문제를 풀기 위해서는 일종의 꼼수가 필요하다. 또 그렇기 때문에 아동들이 어려워하는 문제이기도 하다. 더욱이 특정한 퍼즐 문제를 성공적으로 해결한 전략이 다른 퍼즐 문제를 해결하는 전략으로 전이되지도 않는다.

문제해결을 위한 일반전략 또는 발견술

문제해결전략에 대한 연구는 그리스 수학자 파푸스로 거슬러 올라간다. 그는 기하학에서 분석적 방법과 종합적 방법을 구분한 인물이다. 좀 더 최근에는 철학자들이 수학적 발견술의 전신이라고 할 수 있는 방법들을 시도하였다. 베이컨(Bacon, 1960)은 가설을 입증하기 위하여 귀납적 방법을 제안하였다. 귀납적 가설을 쉽게 이끌어내기 위하여, 베이컨은 어떤 결과나 사실을 체계적으로 표로 나타내는 것을 제안하였다. 결과나 사실을 이렇게 표로 작성하면 유사점이나 차이점을 쉽게 알 수 있기 때문이다. 1620년 발표된 이와 같은 제안들은 칸타우스키(Kantowski)와 같이 수학적 문제해결을 연구한 현대의 연구자들이 제안한 발견술을 예견한 것일지도 모른다. 칸타우스키는 문제해결에서 계획과 관련된 발견술로 '규칙 찾기, 표 만들기' 등을 제안하였다(Bell *et al.*, 1983: 208).

1628년에 데카르트(1931)는 《정신 지도의 규칙(*Rules of the direction of the mind*)》이라는 책을 발간하였다. 이 책에서 그는 수학적 발견을 촉진하고 안내하는 발견술 21개를 제안하였다. 그중에는 다음과 같은 것들이 포함된다.

- 문제를 단순화하기
- 귀납적 일반화를 위하여 사례의 목록 작성하기
- 이해를 돕기 위하여 그림 그리기
- 관련성을 기호화하기
- 관련성을 식으로 나타내기
- 식을 단순화하기

이러한 전략들은 350년 뒤에 Polya(1945), Mason *et al.*(1982), Burton(1984)와 같은 연구자들이 문제해결 지도에 도움을 주기 위하여 제안한 발견술들과 유사하다.

벨 등(Bell *et al.*)의 연구를 바탕으로 하여 콕크로프트(Cockcroft) 보고서(1982)에서는 학교 수학의 학습목표 중 하나로 일반전략을 제시하였다. 수학적 사실, 기능, 개념과 같은 수학적 지식과 더불어 일반전략은 수학적 문제해결에 필수적이며, 성공적인 수학학습을 위한 핵심적인 요소로 인식되고 있다.

현재 영국의 국가수준 수학교육과정에서는 일반적 문제해결전략을 수학 교수·학습의 성취 목표로 명시적으로 제시하고 있다. 영국의 수학교육과정에서 Ma 1: Using and applying mathematics[1]의 학습목표는 수학적 과정(즉, 적용, 수학적 의사소통, 추론, 논리와 증명)으로 구성되어 있다. 마지막에 제시한 논리와 증명은 실제로 증명보다는 일반화에 더 초점을 두고 있다.

전반적으로 보면, 수학에서 일반적 문제해결전략은 수학문제를 해결하는 각 단계

1) **역자주** 영국의 국가 교육과정에서 수학은 4가지 영역으로 구분된다. Ma 1: Using and applying mathematics(수학 활용), Ma 2: Number and algebra(수와 대수), Ma 3: Shape, space and measures(도형, 공간, 측정), Ma 4: Handling data(자료처리)

에서 어떤 기능이나 지식을 사용할 것인지를 선택하는 데 도움이 되는 높은 수준의 전략들로 구성된다.

HMI(1985)에서 제시한 일반적 문제해결전략은 다음과 같다.

- 시행착오
- 단순화하기
- 규칙 찾기
- 추론
- 가설 설정 및 검증
- 증명 및 반증

일반전략은 문제해결전략, 수학적 과정, 수학적 탐구과정, 탐구전략, 문제해결 발견술 등과 같이 여러 가지 이름으로 불린다. 그러나 일반전략은 잠재적으로는 유용한 방법이지만 항상 성공을 보장하지는 않는다는 특징이 있다. 수학의 역사에서 볼 때, 어떤 문제는 엄청 빠르게 해결된 반면에, 해결되기까지 몇 세기가 걸린 문제도 있다(예를 들어, 4색 문제, 페르마의 마지막 정리는 증명된 지 얼마 되지 않는다).

저자 본인이 수학 문제를 해결하는 학생들을 관찰한 결과, 학생들이 사용하는 일반 전략들은 다음과 같다.

- 문제를 이해하기(논의 통하여)
- 문제를 다시 읽기
- 문제를 그림으로 나타내기
- 문제를 기호로 나타내기
- 사례 찾기
- 자료 찾기
- 자료를 표로 나타내기
- 결과를 표로 나타내기
- 결과를 순서에 맞게 표로 나타내기
- 자료에서 규칙 찾기
- 표에서 관계를 추측하기

- 추측하기
- 추측한 것을 검증하기
- 다른 접근법을 생각해보기
- 검증한 것을 적용하기
- 문제를 단순화하기
- 단순화한 문제를 해결하기
- 한 가지 변인을 고정하고 다른 변인의 효과를 알아보기
- 다른 해결방법 찾기
- 해결방법 정당화하기

문제해결전략의 수준

문제해결전략의 수준은 다음과 같이 세 가지로 구분할 수 있다.

1. 수학의 특정 주제나 영역에 적용되는 특수 전략
2. 수학 이외의 다른 교과에서도 적용되는 일반 전략
3. 수학 내에서 적용되는 일반 전략

이러한 구분은 샹파뉴(Champagne, 1992)가 구분한 고등수준의 인지기능의 세 가지 유형 즉, 1. 과제-특수 인지기능, 2. 영역-특수 인지기능, 3. 일반적인 인지기능에 부합한다.

1. 수학의 특정 주제나 영역에 적용되는 특수 전략

영역-특수 전략 또는 과제-특수 전략은 수학적 문제해결에서 특정한 영역이나 주제에 사용되는 전략을 말한다. 이것은 대수, 삼각함수, 미적분, 기하, 확률, 통계, 컴퓨터와 같이 특정한 영역이나 주제에 어떤 특정한 수학적 사실, 기능, 지식을 적용할 것인지를 결정하는 데 도움이 되는 전략이다. 〈표 7.2〉는 특정한 수학 주제와 관련된 특수한 수학 전략을 제시한 것이다.

〈표 7.2〉 영역-특수 수학 전략

영역	전략
대수	일차 방정식 해결하기
	일차 그래프와 이차 그래프가 만나는 점 찾기
	이차 방정식 해결하기
삼각함수	삼각함수 해결하기
미적분	함수 $f(x)$ 미분하기
	함수 $f(x)$ 적분하기
기하	두 삼각형이 합동임을 증명하기
	평면 좌표에서 변환된 도형 찾기
확률	어떤 시행에서 나올 수 있는 경우의 수 구하기
통계	어떤 결과가 통계적으로 유의미한지 결정하기
컴퓨터	데이터베이스에 접근하기
	Logo 프로그램의 오류를 발견하고 수정하기

이러한 영역-특수 전략들은 특정한 수학 주제나 영역과 관련되어 있기 때문에, 수학 자체 내에서 전이되지 않는다. 또한 이 전략들은 일반적으로 특정한 수학 주제와 관련된 문제들을 학습하고 해결하는 과정에서 습득된다. 이 전략들은 문제해결에 관한 문헌에서 거의 다루어지지는 않지만, 주어진 수학 주제를 학습하는 데 매우 중요한 부분이다.

영역-특수 전략은 가장 낮은 수준의 일반 전략이다. 이 전략은 특정한 수학적 절차, 알고리즘과 기능으로 구성되어 있기 때문에 일반성이라는 측면에서 한 차원 낮은 전략이라고 볼 수 있다. 이 전략이 특정 영역이나 주제에 적절하게 사용되면 그 결과를 보장할 수 있지만, 발견술과 같은 일반적 문제해결전략은 아니다.

2. 다른 교과에서도 적용되는 일반 전략

문제해결전략과 일반적인 탐구방법은 많은 학문 분야에서 적용된다. 학교 교육과정 내에서도 다른 과목에서 사용되는 탐구 과정이나 일반 전략이 수학에서도 사용되기도 한다. 예를 들어, 탐구 전략과 탐구 과정은 과학교육에서 널리 사용되는 방법이며 문제해결전략은 디자인과 기술공학 분야에서 중요한 역할을 한다. 결국 학습자들은 수학 이외의 다른 과목에서도 일반 전략을 습득할 수 있다.

마찬가지로 교육연구와 같은 여러 학문 분야에서도 수학적 문제해결과 유사한 일반적인 연구 전략들이 적용되고 있다(예를 들어, Ernest, 1994). 교사와 교육전문가들이 학교교육과 관련된 연구를 수행할 때 적용하는 과정은 일반적인 연구에서 적용되는 것과 크게 다르지 않다. 즉, 교육연구의 과정은 문제 설정, 문헌의 고찰, 자료 수집 및 정리, 추측 및 검증, 해당하는 특정한 사례 기술 등으로 구성된다. 따라서 교육 연구를 수행하는 일은 수학, 과학, 기술공학, 또는 다른 학문 분야에서 이루어지는 문제해결이나 탐구와 매우 유사한 과정을 거친다.

수학을 포함하여 많은 분야에서 문제해결의 과정은 선형적이지 않으며 순환적이다. 이 순환적 과정은 [그림 7.2]와 같이 나타낼 수 있다.

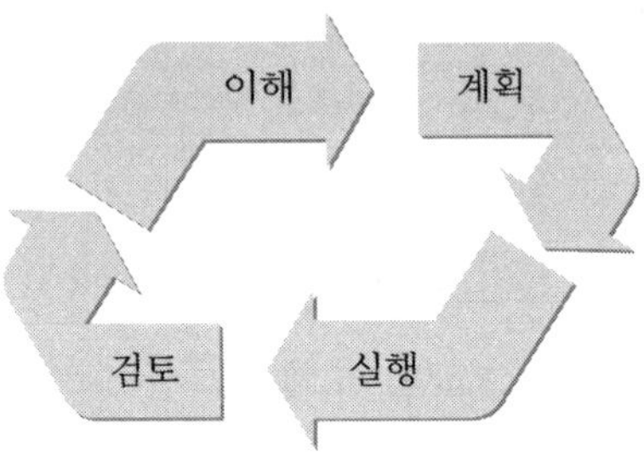

[그림 7.2] 문제해결 순환 과정

이 그림을 보면, 문제해결이 단계별로 이루어지는 것을 알 수 있다. 첫째 단계는 문제의 이해이다. 그 다음은 문제를 어떻게 해결할 것인지 계획을 세우는 단계이다. 이어서 계획을 실행한다. 마지막은 결과를 평가하고 검토하는 단계이다. 그러나 문제해결 과정이 이대로 끝나는 것은 아니다. 문제를 해결하려는 첫 번째 시도가 실패할 수도 있고 다시 진행될 필요도 있기 때문에, 문제해결 과정은 여러 번 순환된다. 순환 과정에서 전 단계는 다음 단계를 개선하는 발판이 된다. 즉, 계획, 실행, 검토를 통하여 문제를 더 잘 이해할 수 있다. 또한 계획의 실행, 결과의 검토, 더 나은 이해는 문제를 해결하는 방법을 계획하는 데 도움이 된다.

노스(Noss, 1983)와 어니스트(Ernest, 1988b)는 문제해결 과정과 컴퓨터 프로그래밍 사이에는 밀접한 유사성이 있다고 주장하였다(〈표 7.3〉).

〈표 7.3〉 문제해결 과정과 컴퓨터 프로그램 간의 유사성

문제해결	컴퓨터 프로그래밍
문제 이해	문제 분석
계획 수립 (분석적 또는 종합전 전략)	프로그램 작성 ('top-down' 또는 'bottom-up' 접근)
계획 실행	프로그램 실행
해결방법 및 계획 검토	프로그램 오류 찾기 및 수정

〈표 7.3〉과 같이, 폴리아의 문제해결 4단계는 컴퓨터 프로그래밍의 각 단계와 병렬적으로 유사한 관계가 있다. 더욱이 문제해결은 컴퓨터 프로그래밍 전략과 마찬가지로 분석적일 수도 있고 종합적일 수도 있다. 분석적 문제해결방법은 문제가 해결되었다고 가정하고 해결방법으로부터 거꾸로 소급하는 전략으로 전반적인 마스터플랜을 기반으로 한다. 종합적 문제해결방법은 원리로부터 출발하여 바람직한 해결책을 도출할 때까지 작은 단계들을 연결하여 문제를 해결하는 좀 더 전술적인 접근방법이다. 분석적 문제해결방법과 종합적 문제해결방법은 컴퓨터 프로그램의 '위에서 아래로(top-down)' 방식과 '아래에서 위로(bottom-up)' 방식과 매우 유사하다. 즉, 컴퓨터 프로그래밍에서 '위에서 아래로(top-down)' 방식은 일반적인 마스터플랜으로부터 시작한다는 점에서 분석적 문제해결방법과 유사하다. '아래에서 위로(bottom-up)' 방식은 작은 컴퓨터 프로그램들을 결합한다는 점에서 종합적 문제해결방법과 유사하다.

수학적 문제해결과 컴퓨터 프로그래밍 간에는 또 다른 유사성이 있다는 점을 강조하고 싶다. 즉, 컴퓨터 프로그램을 단순히 실행하는 기계적인 과정이 아니라 창의적 활동일 뿐만 아니라 사고력 활동이라는 유사성이 있다.

일반 전략에 대한 이슈는 학습의 전이와 관련이 있다. 많은 연구들에서 학생들이 학습은 하지만 상황들 사이에 학습의 전이가 일어나지 않는다는 주장을 하고 있다. 아주 오래전인 1912년에 손다이크(Thorndike)는 전통적인 유클리드 기하학과 증명 전략에 대한 학습이 추론 기능의 향상으로 전이되지 않았다고 지적하였다(Kilpatrick, 1992).

상황과 전이에 관한 한 가지 이론적 접근은 상황인지론이다. 상황인지론은 브라운(Brown), 레이브(Lave), 콜린스(Collins), 레스닉(Resnick), 로고프(Rogoff) 등과 같은

학자들이 주장한 이론이다. 이들은 학습은 사회적 상황이나 맥락과 관련이 있다고 주장한다. 즉, 학습자는 사회적 상황을 매개로 하여 장기기억으로부터 지식과 기능을 이끌어낸다. 그러나 이들은 지식이 학습 상황에 서로 분리되어 저장되어 있다고 주장한다. 결과적으로 수학적 지식이 형성되는 상황이나 맥락들 사이에 어떤 연결고리가 없거나, 서로 분리되어 학습된 것들을 연결하려는 어떤 창의적인 행동이 없다면 전이는 일어나지 않을 것이다(Lave, 1988).

중학교에서 분화되어 가르치는 여러 교과목들을 생각해보면, 이러한 현상은 확실하게 드러난다. 이들 교과목들이 같은 학교에서 학습되었음에도, 학생들은 수학에서 배운 것과 과학에서 배운 것(비과학적인 과목들을 차치하더라도)을 연결하지 못한다. 수학과 과학 모두에 같은 수학 지식이나 기능이 포함되어 있는데도 말이다.

3. 수학 내에서 적용되는 일반 전략

영역-일반 전략과 영역-특수 전략의 중간 수준에 존재하는 세 번째 일반 전략은 수학 내에서 적용되는 일반적인 문제해결전략이다.

앞에서 논의했듯이, 수학적 문제해결에 관한 고전적 연구는 폴리아(1945)의 《어떻게 해결하지(*How to solve it*)》인데, 이 책은 수학 내에서 적용되는 일반 전략을 대상으로 하고 있다. 다른 연구자들도 문제해결에 관하여 유사한 분석 결과를 제시하였다. 예를 들어, 버튼(Burton, 1984)의 《*Thinking things through*》는 폴리아의 발견술과 매우 유사하다(〈표 7.4〉).

〈표 7.4〉 문제해결에 관한 폴리아의 발견술과 버튼의 발견술

버튼의 발견술(*Thinking things through*)	폴리아의 발견술(*How to solve it*)
도입	문제 이해
공략	계획 수립, 계획 실행
검토-확장	검토

두 발견술에서 한 가지 차이점이 있다면, 버튼은 폴리아의 '계획 수립'과 '계획 실행'의 두 단계를 한 단계로 줄여서 '공략'이라고 한 것이다. 버튼은 발견술의 세 단계를 바탕으로 하여, 발견술(또는 일반 전략)을 구체적으로 제시하였다(〈표 7.5〉).

〈표 7.5〉 버튼의 발견술(또는 일반 전략)

도입	1.1 문제 탐구	1.5 정보 조직
	1.2 추측 및 검증	1.6 문제 표현(표상)
	1.3 용어와 관계 정의	1.7 문제 기록
	1.4 정보 추출	
공략	2.0 체계적 접근	2.10 알고 있는 해결방법을 다른 문제에 적용
	2.1 관련성 탐색	2.11 거꾸로 시행
	2.2 관련성 분석	2.12 문제의 한 가지 측면에만 초점 두기
	2.3 가설의 단순화	2.13 경로 제거
	2.4 답이 될 수 있는 특성 탐색	2.14 문제를 사례별로 분할
	2.5 특별한 사례 시도	2.15 문제를 재구성
	2.6 추측 조정	2.16 고정관념 없애기
	2.7 가설 설정 및 검증	2.17 기록 체계 개발
	2.8 관련된 문제 시도	2.18 문제 표현(표상) 변형
	2.9 변인을 체계적으로 통제	2.19 일반화
검토 | 확장	3.1 점검	3.4 유사한 문제 찾기
	3.2 반성	3.5 문제 확장
	3.3 의사소통	3.6 다른 문제 만들기

위에 제시한 구체적인 발견술들 중에서 가장 생소한 발견술은 아마 '2.16: 고정관념 없애기'일 것이다. 고정관념은 문제나 상황에 대하여 그동안 당연하게 여겨왔던 가정이나 생각들을 의미한다. 수학의 역사 속에서도 그러했듯이, 때로는 어떤 문제를 해결하기 위해서는 그동안 당연시해왔던 고정관념에 맞서고 도전할 필요가 있다. 예를 들어, 다음 퍼즐 문제를 풀어보자([그림 7.3]).

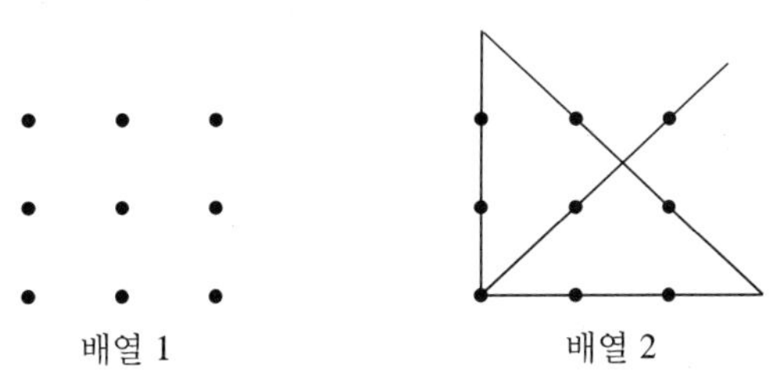

[그림 7.3] 퍼즐 문제

위의 퍼즐은 네 개의 직선으로 9개의 점 모두를 연결하라는 문제이다. 처음에는 점들을 연결하기 위하여 많은 시도를 한다. 벗어나야 할 고정관념은 직선이 배열의 안쪽에 있어야 한다는 가정이다. 해결방법은 배열 2와 같이 배열 밖으로 나가게 직선을 그려야 한다.

메타인지

지금까지는 수학적 사고에서 문제해결전략의 중요성에 대해서 살펴보았다. 그러나 문제해결전략과 더불어 추가로 논의할 것이 있다. 문제해결에 포함된 주된 인지적 활동은 인지적 활동과 메타인지적 활동으로 구분할 수 있다. 인지적 활동에는 수학적 사실과 기능을 포함하여 모든 형태의 수학적 지식을 사용하고 적용하는 것이 포함된다. 이와 더불어 문제해결에 영역-일반 전략과 영역-특수 수학 전략을 적용하거나 문제해결 계획을 실행하는 것도 여기에 포함된다. 그러나 메타인지적 활동에는 계획 세우기, 과정 모니터링하기, 노력의 효과성 판단(예를 들어, "지금 적용하고 있는 접근방법이 효과적인가"), 의사결정하기, 검토하기, 전략 선택하기 등이 포함된다. 메타인지(글자 그대로 인지를 넘어선 인지 또는 인지에 대한 인지)는 사고를 운영하고 관리하는 역할을 한다. 플라벨(Flavell, 1976: 232)에 따르면,

> **'메타인지'는 자기 자신의 인지 과정에 관한 지식을 의미한다. …… 즉, 메타인지란 어떤 구체적인 목적이나 목표를 달성하기 위하여 생각하고 있는 인지적 대상이나 자료와 관련된 그 사고 과정을 능동적으로 모니터링하고 조정하고 조율하는 것을 의미한다.**

다음 〈표 7.6〉은 문제해결에 포함된 정신 활동을 정리한 것이다.

〈표 7.6〉 문제해결에 포함된 정신 활동

메타인지적 활동	• 계획 세우기 • 과정 모니터링하기 • 의사결정하기 • 검토하기 • 전략 선택하기 등
인지적 활동	• 계획 실행하기 • 전략 적용하기 • 수학적 지식이나 기능 사용하기 등

<표 7.6>에 제시한 바와 같이, 인지적 활동에는 계획 실행하기, 전략 적용하기, 수학적 지식이나 기능 사용하기 등이 포함된다. 그러나 메타인지적 활동에는 계획 세우기, 과정 모니터링하기, 의사결정하기, 검토하기, 전략 선택하기 등이 포함된다.

페르난데스 등(Fernandez *et al.*, 1993)은 폴리아의 문제해결 모형에 메타인지의 역할을 추가하여 [그림 7.4]와 같이 제시하였다.

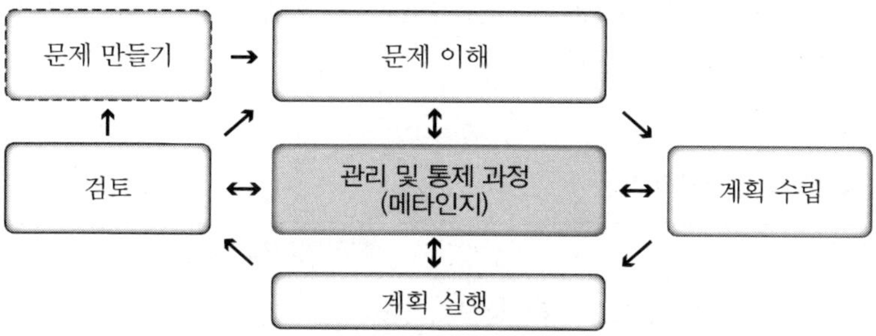

[그림 7.4] 메타인지가 추가된 폴리아의 문제해결 모형

이 모형에는 먼저 폴리아의 문제해결 4단계 즉, 문제 이해, 계획 수립, 계획 실행, 검토와 더불어 시작과 끝에 문제 만들기가 제시되어 있다. 둘째, 모든 단계는 문제해결 활동을 관리하고 통제하는 메타인지적 과정에 영향을 받는다.

사고의 수준을 메타인지적 수준으로 끌어올리기 위해서는 발문이 중요하다. 메타인지적 발문은 문제해결자가 문제해결 과정에 대하여 반성적으로 생각하고 조정하게 하는 데 도움이 된다. <표 7.7>은 버튼(1984)이 제시한 메타인지적 발문이다.

<표 7.7> 버튼의 메타인지적 발문

도입 (문제 이해)	1.1 문제에서 제시하고 있는 것은 무엇인가? 1.2 문제에서 요구하고 있는 것은 무엇인가? 1.3 시작하는 데 도움이 되는 것은 무엇인가?
공략 (문제 풀기)	2.1 어떤 연결성이 있는가? 2.2 도움이 되는 다른 결과가 있는가? 2.3 어떤 규칙이 있는가? 2.4 어떻게 또는 왜 그런가?

	2.5 문제를 쪼갤 수 있는가? 2.6 문제에 대한 관점을 바꿀 수 있는가?
검토-확장 (검토 및 일반화)	3.1 해결방법은 수용할 만한가? 3.2 해결방법으로부터 무엇을 배울 수 있는가? 3.3 해결방법을 확장할 수 있는가?

폴리아도 학생들이 메타인지적 기능을 개발하는 데 도움이 되는 전략적 발문을 문제해결 단계별로 제시하였다(〈표 7.8〉).

〈표 7.8〉 폴리아의 메타인지적 발문

단계	메타인지적 발문
문제 이해	모르는 것은 무엇인가? 제시된 자료는 무엇인가? 제시된 조건은 무엇인가?
계획 수립	관련된 문제를 알고 있는가? 문제를 재진술할 수 있는가? 유사한 문제를 풀 수 있는가? 좀 더 일반적인 문제를 풀 수 있는가? 문제의 일부분을 풀 수 있는가? 조건을 변화시킬 수 있는가? 제시된 자료를 모두 사용했는가?
계획 실행	각 단계가 제대로 실행되었는지 확인할 수 있는가? 각 단계가 정확하게 진행되었는가?
검토	결과를 점검할 수 있는가? 등

이상으로 제시한 메타인지적 발문들은 매우 중요한 의미를 갖는다. 이러한 발문을 하는 목적은 학생들이 문제를 해결하려고 시도하는 방법을 모니터링하고 통제하도록 하기 위한 것이다. 경험이 적은 문제해결자들은 문제를 해결하기 위하여 수행하고 있는 일련의 과정에 대한 반성적 사고 및 평가를 거의 하지 않은 채 즉흥적이고 충동적으로 공략한다.

문제해결과 수학학습심리학에서 메타인지의 중요성을 살펴보기 위하여, 한 가지 중요한 연구결과를 소개하고자 한다. 숀펠드(Schoenfeld, 1992)는 초보 문제해결자와 전문 문제해결자의 문제해결 유형을 비교하였다. 이를 위하여 그는 폴리아의 문제해결 4단계에 기초하여 문제해결 활동을 6가지 수준으로 분석하였다. 이 6가지 수준은 문제읽기, 분석하기, 탐색하기, 계획세우기, 실행하기, 검증하기이다. 〈표 7.9〉에 제시한 바와 같이, 원래 폴리아의 문제해결 4단계에는 '계획 없이 해결방법 찾기'가 없었지만, 숀펠드의 문제해결 수준의 '탐색하기'와 비교하기 위하여 추가하였다.

〈표 7.9〉 폴리아의 문제해결 단계와 숀펠드의 문제해결 수준 비교

폴리아의 문제해결 단계	숀펠드의 문제해결 수준
문제 이해	문제 읽기, 분석하기
계획 없이 해결방법 찾기	탐색하기
계획 수립	계획 세우기
계획 실행	실행하기
해결방법 및 계획 검토	검증하기

새로 추가된 탐색하기는 계획 없이 해결방법을 찾는 것으로, 문제해결자들에게서 흔히 발견된다. 탐색하기는 이해의 질을 높일 뿐만 아니라 이후 이루어지는 계획 세우기에도 긍정적으로 작용한다. 그러나 이 탐색하기가 오랫동안 지속된다면, 일반적으로 문제해결에 실패하게 된다. 이러한 실패는 자기 조절이나 메타인지적 기능이 부족한 초보 문제해결자에게서 주로 나타난다.

[그림 7.5]는 경험이 많지 않은 초보 문제해결자가 비정형 문제를 해결하는 데 걸린 시간을 나타낸 것이다. 이 문제해결자는 1분 정도 문제를 읽고 그 다음에는 다른 활동은 하지 않은 채 19분 동안 계속해서 문제를 탐색하고 있다. 그러나 경험이 많은 문제해결자(수학자)는 [그림 7.6]과 같이 6가지 수준을 모두 거치고 있으며, 문제해결 과정을 두 번 순환하였다. 더욱이 역삼각형으로 표시된 시점에서는 자기 자신에게 질문을 하고 있다.

[그림 7.7]은 문제해결 과정을 모니터링하고 통제하는 훈련을 받은 학생들의 결과를 제시한 것이다. 학생들을 훈련시키기 위하여 숀펠드는 학생들이 문제를 해결하는

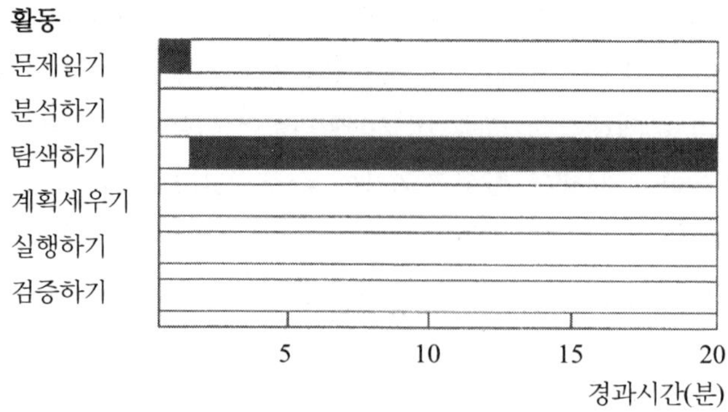

[그림 7.5] 초보 문제해결자의 비정형 문제해결 경과시간

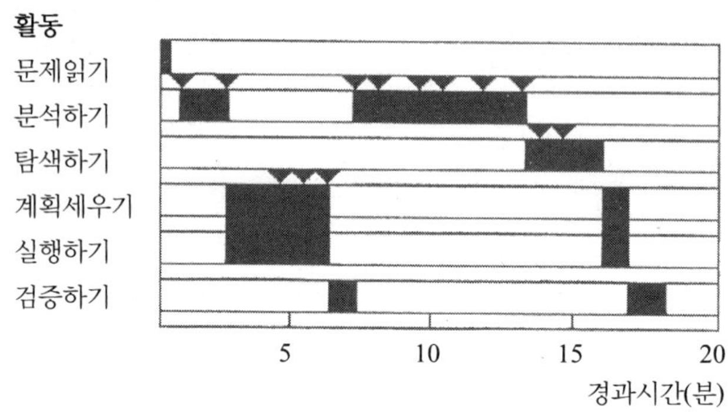

[그림 7.6] 전문 문제해결자(수학자)의 문제해결 경과시간

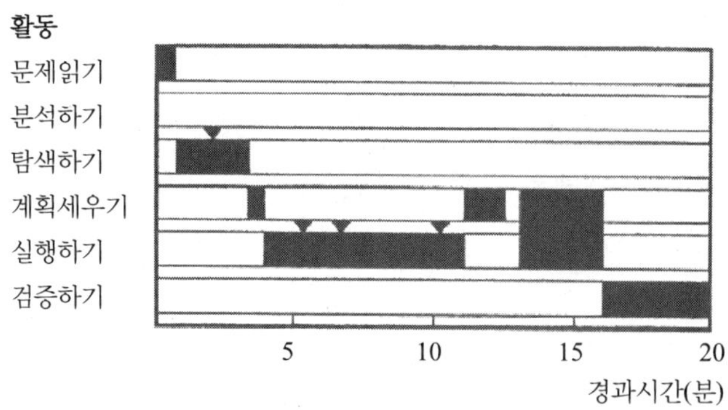

[그림 7.7] 모니터링과 통제 훈련을 받은 이후의 문제해결 경과시간

도중에 끼어들어서 다음과 같은 질문을 하였다. “지금 무엇을 하고 있지(그것을 정확하게 설명해볼래)?”, “왜 그렇게 했지?”, “해결방법과는 어떤 관련이 있지?”, “그렇게

하면 어떤 도움이 되지?" 숀펠드의 실험은 대학교 수학과 학생들을 대상으로 실시한 것이다. 레스터도 11세 학생들을 대상으로 실험을 실시하여 유사한 연구결과를 도출하였다(Schoenfeld, 1992). 그렇지만 다소 복잡한 영역에서 자기-조절이나 메타인지적 기능을 개발하는 것은 쉽지 않은 일이며, 기존에 학습된 행동 유형을 극복하거나 대체해야 하는 경우도 있다.

메타인지적 기능을 촉진하는 데 초점을 둔 교육 프로그램은 실제로 학생들의 문제해결능력을 향상시켰으며 문제해결 전문가처럼 행동하게 만들었다. 메타인지적 활동을 촉진하기 위한 모니터링과 통제를 통하여 수학적 문제해결능력이 개선되었다는 다른 연구들도 있다(예를 들어, Garofalo & Lester, 1985).

수학적 문제해결 모델

지금까지는 수학적 사고와 문제해결에 있어서 중요하다고 생각되는 몇 가지 지식과 기능들을 개별적으로 살펴보았다. 그러나 수학적 문제해결의 전반적인 과정을 조망하기 위해서는 일반 전략들을 분리하여 살펴보는 것만으로는 충분하지 않다.

학생들에게 문제해결 기법을 습득하게 한다고 해서 실제로 문제를 해결하는 것은 아니다. 학생들이 충분한 배경 지식을 갖고 있고 수학적 개념을 이해하고 있음에도, 그들은 문제해결에 실패하는 경우가 많다. 분명히 다른 요인들이 문제해결 과정에 영향을 준다(Lester *et al.*, 1994). 레스터와 찰스(1982)는 세 가지 요인이 서로 상호작용하여 문제해결 과정에 영향을 미친다고 주장하였다.

1. 경험적 요인(환경적, 개인적)
2. 정의적 요인(흥미, 동기부여, 압박감, 불안 등)
3. 인지적 요인(읽기 능력, 추론 능력, 계산 기능 등)

경험적 요인에는 나이, 이전의 수학적 경험, 문제 상황에 대한 친숙한 정도 등이 포함된다. 정의적 요인은 스트레스, 불안, 압박감 등과 같이 정서적인 것들이다. 이 두 요인은 서로 연결되어 있으며 인지적 요인과 상호작용하여 문제해결 활동이 일어나는 복잡한 과정에 영향을 미친다. 따라서 문제해결은 정답으로 향하는 단순한 길이 아니라 복잡하고 역동적인 과정으로 보아야 한다.

숀펠드(1992)는 최근의 연구를 바탕으로 수학적 문제해결에 영향을 주는 5가지 심리적 요소를 제시하였다.

- 지식 기반(수학적 사실, 기능, 개념적 구조)
- 문제해결전략
- 모니터링과 통제(즉, 메타인지적 과정)
- 신념과 태도
- 실행(실세계 상황에 대한 지식, 문제해결 경험)

이 5가지 심리적 요소들은 이상의 논의에서 개별적으로 논의되었던 것들이다. 숀펠드는 [그림 7.8]과 같이 5가지 심리적 요소들을 기억 구조에 통합시킨 인지 모델을 제시하였다. 이 모델은 실버(Silver)의 연구에 바탕을 두고 있다(Schoenfeld, 1987).

숀펠드의 모델은 수학적 문제해결 활동의 많은 부분이 작동기억에서 진행된다는 관점에 바탕을 두고 있다. 먼저, 문제는 주어진 환경에서 과제로 제시된다. 이렇게 제시된 문제는 시각적, 음성적, 촉각적 자극을 통하여 감각동작기로 들어간다(즉, 시각, 청각 등으로 문제를 지각한다). 이렇게 지각된 문제는 작동기억을 자극하여 문제와 관련된 심적 표상을 구성하거나 재생하는 과정과 메타인지적 과정을 거친다. 즉, 작동기억은 문제에 대한 내적 또는 심적 표상이 구성되고 변형되는 곳이다. 물론 대부분의 수학적 문제해결은 외적 표상에 의존한다. 즉, 문제해결의 결과는 말, 글자, 기호, 도식의 형태로 표현되며, 문제를 해결하는 과정에서 사용되거나 적용되는 다른 형태의 외적 표상도 있다. 감각동작기를 통하여 들어온 문제에 대한 지각은 작동기억에서 진행된 표상들을 개선하거나 수정·보완한다.

작동기억은 메타인지적 과정이 진행되는 곳이기도 하다. 이 메타인지적 과정에는 문제해결방법에 대한 계획 세우기(즉, 바라는 목표 상태에 도달하기 위하여 문제에 대한 표상을 변형하는 수단을 찾기), 어떤 과정이나 전략, 지식을 사용하는 것이 유용한지에 대한 의사결정이 포함된다. 여기에는 또한 정신적 활동 및 문제해결 절차를 모니터링하기, 지속적으로 노력하기 등이 포함된다. 아울러 계획, 해결과정, 달성

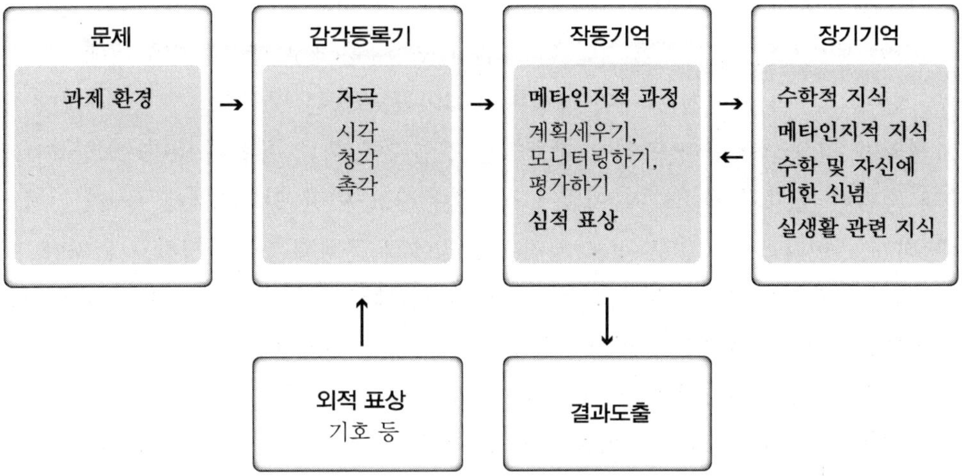

[그림 7.8] 기억 구조와 수학적 문제해결

된 해결 상태 등에 대한 평가도 포함된다.

작동기억은 문제해결이 실제로 일어나며 의식적 사고가 이루어지는 곳이다. 그러나 이를 위해서는 장기기억의 도움이 있어야 한다. 장기기억에는 수학적 지식, 실생활 관련 지식, 메타인지적 지식, 수학 및 자신에 대한 신념이 포함된다. 심리학적 관점에서 볼 때, 수학적 지식에는 수학적 사실, 기능, 개념적 구조가 포함된다. 학교에서 수학을 학습하면서 습득한 문제와 문제해결방법에 대한 지식도 포함된다. 또한 소위 '실세계'에 대한 지식은 수학 교실 밖에서 습득한 지식으로 이것도 역시 수학적 지식에 해당된다. 응용 수학문제를 해결하고, 언어를 해석하고, 과제의 배경이 되는 사회적 맥락 및 상황을 이해하는 데 필요한 부수적인 지식도 여기에 포함된다.

메타인지적 지식에는 수학적 문제해결과 관련된 영역-일반 전략, 영역-특수 전략에 관한 지식이 포함된다. 또한 정신 활동을 모니터링하기, 문제해결을 진행하기, 계획에 대한 평가, 다른 메타인지적 활동과 관련된 지식이 포함된다. 마지막으로, 장기기억에는 수학 및 자기 자신에 대한 신념이 있다. 여기에는 수학 및 수학적 활동의 본질에 대한 인식뿐만 아니라, 수학에 대한 태도, 수학학습자 또는 수학적 문제해결자로의 자신에 대한 신념이 포함된다.

따라서 [그림 7.8]에 제시된 문제해결 모델은 앞에서 논의한 수학적 사고와 관련된 모든 요소들을 통합하여 제시하고 있으며, 각 요소들이 모델 전체에서 한 부분으로 어떻게 작용하고 있는지를 보여주고 있다. 이 모델을 때로는 '정보처리' 인지 모델이라고 부르기도 한다. 그렇지만 이 모델이 구성주의에 부합하는지에 대해서는 논란이 있다. 즉, 이 모델에는 이미 형성된 지식이 들어오는 것인지, 아니면 세상에 대한 정확한 인식을 통하여 지식이 창조되는 것인지에 대한 가정이 없다. 또한 이 모델에 포함된 각각의 요소들이 어떻게 상호작용하고 어떤 인과관계에 놓여있는지를 설명하지 못한다. 이 모델은 정보 처리적 관점에서 문제해결을 설명하고 있지만, 구성주의적 학습 이론과도 매우 일치한다. 문제해결에서 사용되는 기억에 대한 숀펠드의 모델은 사실상 수학교육과 관련된 모든 이슈들을 통합하고 있다.

찰스(Charles)는 수학적 사고 모델을 제안했는데, 이 모델은 숀펠드의 모델과 매우 유사하다([그림 7.9]). 찰스의 모델은 크게 네 가지 요소 즉, 지식, 사고 과정, 태도, 신념으로 이루어져 있다.

찰스는 수학적 사고 과정은 두 가지 차원이 있다고 주장하였다. 첫째는 산출 과정으로서, 문제해결을 수행하는 데 포함된 사고를 말한다. 산출 과정에는 귀납적 사고(여러 사례로부터 일반화를 이끌어내는 사고), 연역적 사고, 가설 설정, 문제 상황에 대한 심적 표상 등이 포함된다. 둘째는 자기 조절 과정으로서 메타인지적 과정이라고 할 수 있다. 여기에는 계획의 유용성 평가, 접근방법의 합리성 확인, 또 다른 계

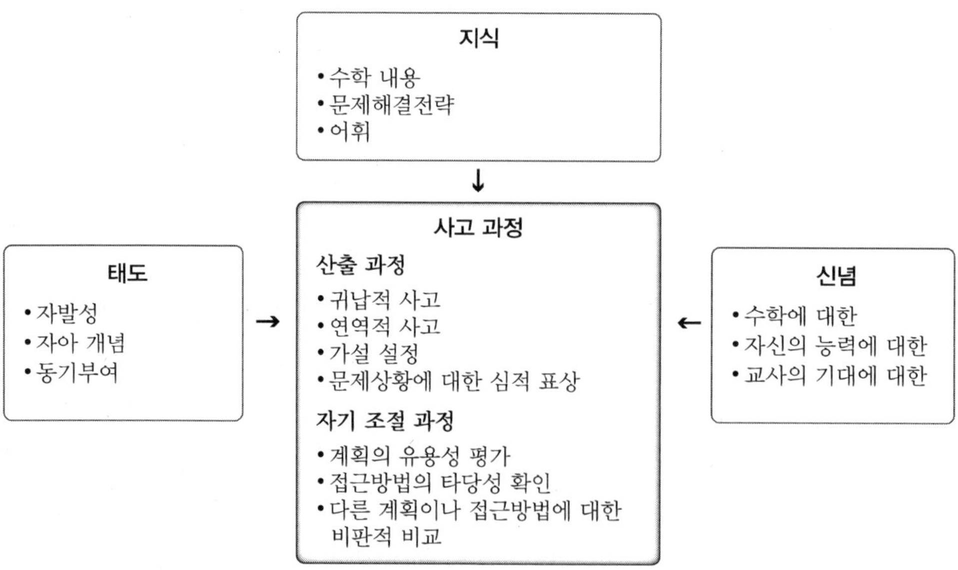

[그림 7.9] 찰스(1985)의 수학적 사고 모델

획이나 접근방법에 대한 비판적 비교 등이 포함된다.

이러한 인지적 과정과 메타인지적 과정은 문제해결자의 지식, 태도와 신념에 의존한다. 찰스는 지식의 예로 수학 내용 지식, 문제해결전략 지식, 어휘 지식을 들었다. 태도의 예로는 자발성, 자아 개념, 동기부여를 들었다. 수학적 사고에 영향을 주는 신념의 예로는 수학에 대한 신념, 자신의 능력에 대한 신념, 교사의 기대에 대한 신념을 들었다. 찰스는 이러한 정의적 요소들은 모두 아동들의 문제해결능력(일반적으로는 수학적 사고력)에 영향을 준다고 주장하였다.

문제해결 교육

수학교육에서 논란거리 중 하나는 문제해결전략을 가르치는 것이 가능한지, 문제해결전략은 실제로 문제해결능력을 향상시키는지에 관한 것이다. 문제를 풀어보는 경험 없이 문제해결전략만을 직접 가르치는 것은 효과적이지 않다고 알려져 있다. 논쟁의 핵심은 이것이다. 문제해결 경험이 수반되면 문제해결전략에 대한 직접적인 교육이 효과적이라는 주장과 그런 직접적인 교육은 효과적이지 않으며 오로지 중요한 것은 문제해결 경험이라는 주장이다. 문제해결 과정에서 교사의 개입이 메타인지적 수준을 높일 수 있으며 결국에는 문제해결능력도 향상시킬 수 있다고 쇤펠드가 주장했듯이, 후자의 주장은 이미 많은 반박을 받고 있다. 다른 여러 교육 프로그램에서도 이와 유사한 효과가 나타났다. 예를 들어, 퓨어스타인(Feuerstein)(Sharron, 1987)의 〈도구적 심화 프로그램(*Instrumental Enrichment Programme*)〉은 일반적인 문제해결전략을 개발하기 위한 활동들로 구성되어 있다. 이 프로그램에서 교사는 의도적으로 학생들에게 문제해결 과정에서 사용했던 전략을 발표하고 논의하게 하였다. 이를 통하여 학습자들의 인지적 수준이 상당히 높아졌으며, 특히 수학성취도가 낮은 학생들에게서 그 효과가 더 높게 나타났다. 결국 학생들에게 문제해결전략에 대한 논의를 많이 시킴으로써 학생들의 문제해결능력을 크게 향상시킬 수 있었다. 그러나 이러한 결과가 나타난 이유는 메타인지와 고차원의 사고 기능을 개발했기 때문이라는 것에 주목할 필요가 있다.

문제해결전략을 명시적으로 가르치는 한 가지 접근방식은 그림 그리기, 표 만들기와 같이 한 번에 한 가지 전략에만 집중하게 하는 것이다. 이렇게 하기 위해서는 그 한 가지 전략으로 가장 잘 해결되는 여러 문제들을 수집할 필요가 있다. 실제로 1980년대와 1990년대 초에 미국의 수학교육 저널 〈*The Arithmetics Teacher*〉에서는 한 번에 한 가지 문제해결전략을 가르치는 데 초점을 두었다. 이 저널의 문제해결 섹션에서는 매달 한 가지 전략에 초점을 맞추어 그에 해당하는 일련의 문제들을 제시하였다.

- 추측-점검(시행착오)
- 그림 그리기
- 목록 만들기
- 표 만들기
- 규칙 찾기
- 식 세우기
- 논리적으로 추론하기

문제해결 경험은 문제해결능력의 매우 중요한 요소이다. 문제해결 경험을 통하여 학생들은 유용한 문제해결전략을 다양하게 접해볼 수 있으며, 특정한 전략을 사용하여 문제를 성공적으로 해결한 경험을 토대로 적절한 문제해결전략을 선택할 수 있다.

문제해결전략을 명시적으로 가르쳐야 하는지에 대한 논쟁에서 양쪽 진영 모두 찬성하는 부분은, 문제해결능력을 개발하는 데 있어서 중요한 요소는 비정형 문제를 많이 풀어보는 것이라는 점이다. 문제를 풀어보는 경험은 문제해결에 필요한 지식과 신념을 향상시킬 수 있다.

요약하자면, 문제해결 발견술을 가르쳐야 하는지 아니면 가르치지 말아야 하는지와 관련하여 딜레마에 놓여 있다. 발견술 교육에 대하여 반대하는 주장은 다음과 같다.

- 문제해결에 대한 교수·학습 방법은 발견술이 아니라 문제를 풀어보는 것에 초점을 두어야 한다.
- 문제해결전략 교육을 통하여 효과가 나타난 학생들은 성취도가 낮은 학생들뿐

이었다(비교: 퓨어스타인의 Instrumental Enrichment Programme의 Desforges & Cockburn, 1987).

- 정형화된 발견술 교육은 창의적이고 개방적인 사고과정으로 발전할 수 없다.
- 역사상 위대한 수학자들은 발견술 교육으로 수학적 업적을 달성한 것이 아니라 혼자서 학습하고 터득한 것이다.

발견술 교육에 대하여 찬성하는 주장은 다음과 같다.

- 문제해결에 초점을 맞추어 수업을 할 수 있다.
- 문제에는 정답과 해결방법이 여러 개 있을 수 있다는 사실을 인식하게 하며, 결국에는 수학의 본질에 대한 학습자의 신념을 개발하는 데 도움이 된다.
- 문제해결전략에 대한 인식을 높임으로써 문제를 해결하는데 어려움에 봉착했을 때 도구로 작용할 수 있다.

어느 누구도 발견술 교육이 문제해결 경험을 대체해야 한다고 주장하지는 않는다. 발견술 교육이 문제해결 경험을 보완하는 것이어야 할 것이다. 즉, 문제해결 경험을 많이 해야 한다는 전제하에, 문제해결 과정에서 자기 자신을 모니터링하고 통제하게 하는 것과 같이 교사의 적절한 개입이 이루어지면 학생들의 문제해결력이 향상될 수 있다는 것이 숀펠드를 비롯한 여러 연구자들의 주장이다.

반세기 전에 브로넬(1942)은 문제해결교육과 관련하여 몇 가지 제안을 하였는데, 오늘날에도 매우 유용하게 활용할 수 있는 것이다.

문제해결 경험은 같은 문제를 같은 방법으로 해결하는 반복된 경험이어서는 안 된다. 문제해결 경험은 서로 다른 문제를 같은 방법으로 해결하고, 같은 문제를 서로 다른 방법으로 해결하는 것이어야 한다.

정답을 제시했다고 해서 문제가 해결된 것은 아니다. 또한 학습자가 문제를 해결하기 위하여 행한 것을 이해하지 못할 뿐만 아니라 왜 그렇게 했는지를 알지 못한다면 그 문제는 진정으로 해결된 것이 아니다(Brownell, 1942: 439).

> **교사는 아동들이 오류를 범하는 것을 막으려 하지 말고 오류를 범하는 것을 허용해야 하며, 무엇이 잘못되었는지 그리고 왜 잘못되었는지를 인식하고 설명하도록 유도해야 한다**(Brownell, 1942: 440).

위에서 세 번째 제안은 앞 장에서 논의한 수학학습에서 오류의 필요성을 강조한 것이다.

많은 학자들이 문제해결능력을 유의미하게 향상시키는 데 도움이 되는 제안들을 수학적 사고의 측면에서 제시하였다. 메이어(Mayer, 1986)는 학생들이 수학의 관계적 표현(예를 들어, 'X는 Y의 2배이다'와 'X는 Y보다 2가 더 많다')을 쉽게 잊어버리거나 잘못 표현하는 것을 발견하였다. 이러한 점에서 메이어는 변수들 간의 관계에 초점을 맞추어 문제해결교육을 하는 것이 효과적이라고 주장하였다.

할페른(Halpern, 1992a)은 학생들에게 문제의 목표를 명확하게 진술하게 함으로써 문제에 대한 이해를 강화시키면 문제를 훨씬 더 성공적으로 해결하는 것을 발견하였다. 또한 그녀는 학생들이 문제해결 기능을 일반화하지 못하는 이유는, 학생들에게 특정한 해결방법이 적용되는 조건을 확인하지 않은 채 단지 해결방법만을 가르치기 때문이라고 주장하였다. 이것은 3장에서 논의된 낮은 수준의 기능과 알고리즘을 분산형으로 연습시킨다고 해서 고차원의 인지 수준으로 발전할 것이라고 주장하는 것과 같은 맥락이다.

토마스와 그로우스(Thomas & Grouws, 1984)는 대학 신입생들을 대상으로 흥미로운 실험을 실시하였다. 피아제의 인지발달단계이론(1952, 1953, 1969)에 따르면, 아동들의 이해는 추론의 유형에 따라 몇 가지 단계를 거친다. 구체적 조작 단계에서는 실세계에서의 경험을 바탕으로 심적 표상을 구성하는 능력을 개발한다. 이 단계에서 아동들은 복잡한 정신적 조작을 수행하는 능력을 개발하고, 특정한 유형의 조작이 수행되더라도 개념들이 보존된다는 보존성(예를 들어, 수의 보존성)을 학습한다. 구체적 조작 단계에서 오랫동안 심적 이미지를 조작하는 능력을 개발한 이후에는 형식적 기호 조작을 할 수 있게 된다. 피아제의 연구에 따르면, 아동들이 형식적 조작 단계에 도달하기 위해서는 비와 비율, 대수적 추론, 연역적 추론 등에 대한 경험이 반드시 필요하다. 이러한 것들을 통하여 학습자는 형식적으로, 추상적으로 그리고 가설에 근거해서 추론할 수 있다.

토마스와 그로우스의 연구는 피아제의 인지발달단계에서 형식적 조작 단계에 도달하지 못하고 아직 구체적 조작단계에 속하는 대학 신입생들을 대상으로 하고 있다. 연구대상자들은 피아제의 인지발달단계 검사에서 구체적 조작단계에 해당하였으며, 실험처치를 위하여 세 집단으로 무작위 할당되었다. 즉, 토마스와 그로우스의 연구에서 연구대상자로 선택된 학생들은 인지발달 수준이 다소 낮다(미국의 경우에 형식적 조작 단계에 도달한 학생들의 비율은 25~40% 정도밖에 안 된다). 이 세 집단에게는 서로 다른 실험처치가 이루어졌다.

1. 통제집단 1($n=12$)은 아무런 연구자의 개입이 없이 체커 게임을 하였다. 체커 게임은 체스판에 말을 놓고 움직여 상대방의 말을 모두 따먹으면 이기는 게임이다.
2. 통제집단 2($n=13$)는 연구자의 개입 없이 마스터마인드 게임을 하였다. 마스터마인드 게임은 1971년에 개발된 교육용 추리게임이다. 한 플레이어가 술래가 되어 4가지 색으로 조합된 비밀 코드를 생각하면, 다른 플레이어는 그 비밀 코드를 추리하는 게임이다.
3. 실험집단($n=14$)도 마스터마인드 게임을 하였으나 연구자 개입이 있었다. 연구자는 다음과 같은 질문을 함으로써 개입을 하였다. "왜 이 색깔이 그 코드에 있다고(또는 없다고) 생각하니?", "마지막 말을 움직였을 때 무엇을 알게 되었니?", "다음 말을 움직이기 위해서는 어떤 정보를 알아야 하니?" 등.

각 집단은 1주일에 1시간씩 4주에 걸쳐서 이 활동을 하였다. 실험처치 전과 후에 인지발달검사를 실시하였다(최고점수는 26점임). 그 결과는 〈표 7.10〉과 같다.

〈표 7.10〉 인지발달검사 결과

집단(실험처치)	사전점수	사후점수	편차
통제집단 1: 체커 게임	12.4	13.8	1.4(11%)
통제집단 2: 마스터마인드 게임(개입 없음)	11.9	14.6	2.7(23%)
실험집단 : 마스터마인드 게임(개입 있음)	11.4	16.1	4.7(41%)

실험처치의 효과가 가장 큰 집단은 실험집단이었다. 즉, 사전점수는 가장 낮았으

나(통계적으로는 유의미하지 않음), 사후점수에서는 가장 높게 나타났다(유의수준 0.05에서 유의미함). 피아제의 인지발달단계와 관련하여 질적으로 분석해보면, 실험집단의 3명(21%)은 구체적 조작 단계에서 형식적 조작 단계로, 8명(57%)은 구체적 조작 단계에서 과도기 단계(구체적 조작 단계와 형식적 조작 단계의 중간)로 바뀌었으며, 나머지 3명은 변하지 않았다.

반면에 통제집단 2에서는 6명(50%)이 구체적 조작 단계에서 과도기 단계로 바뀌었지만, 구체적 조작 단계에서 형식적 조작 단계로 바뀐 학생은 한 명도 없었다.

결국 토마스와 그로우스의 연구결과는 메타인지적 발문을 통한 의도적인 개입이 구체적 조작 단계에 있는 학생들의 사고 전략을 향상시키는 데 도움이 될 수 있다는 숀펠드의 주장을 뒷받침하는 것이다. 또한 좀 더 일반적인 인지 기능으로 전이되는 전이 효과도 나타났다. 이것은 직접적인 문제해결전략 교육이 낮은 수준의 학생들에게 효과적이라는 샤론(Sharron, 1987)과 콕번(Cockburn, 1987)의 연구결과와 같다.

수학적 탐구

문제해결을 여행에 비유한 것([그림 7.1])은 수학적 탐구의 과정에도 적용될 수 있다. “특정한 방향이 아닌 여러 방향에서 수학을 탐구할 필요가 있다. 여행에서 중요한 것은 특정한 목적지를 찾아가는 것이 아니라, 이리저리 찾아다니는 여정이다”(Pirie, 1987: 2). 즉, 특별한 목적을 갖고 떠나는 여행보다는 미지의 세계를 탐구하는 것이 더 중요하다. 따라서 수학적 문제해결이 수렴적 과정이라면, 수학적 탐구는 발산적 과정이다(HMI, 1985).

이러한 의미에서 문제해결은 분명히 주어진 과제를 공략하는 것이다. 이것은 개방형의 수학적 탐구활동과 차이가 있다. 벨 등(Bell et al., 1983)은 수학적 탐구 과정을 네 단계로 제시하였다. 즉, 문제구성, 문제해결, 정당화, 통합이 그것이다. “여기서 ‘탐구’는 지식을 습득하기 위하여 시도하는 다양한 수단과 방법 전체를 의미한다”(Bell et al., 1983: 20). 벨 등(1983)은 수학적 탐구는 추상화, 표상화, 모델링, 일반화, 증명, 기호화와 같은 요소들을 포함하고 있다고 말한다. 이처럼 수학적 탐구와 문제해결 과정을 모델로 제시하고 거기에 포함된 정신적 과정들을 구체적으로 명시하면 많은 장점이 있다. 폴리아(1945)를 비롯하여 여러 학자들이 문제해결 과정에 포함되는 여러 요소들을 제시하였지만, 벨 등(1983)의 모델은 문제해결에 앞서서 문제구성이나 문제설정을 포함시켰다는 점에서 차이가 있다.

수학적 탐구와 문제해결을 다른 측면에서 비교하자면, 전자는 발산적 활동인 반면에 후자는 수렴적 활동이다. 문제해결은 원하는 정답을 끊임없이 추구하는 수렴적 활동이다. 수학적 탐구는 탐색으로부터 시작하여 스스로 설정한 문제를 탐구하는 발산적 활동이다.

자율성과 통제

문제해결과 수학적 탐구의 특징은 학생들에게 부여하는 자율성과 통제의 정도에 따라 비교할 수 있다. 즉, 서로 다른 교수법에서 교사와 학습자의 역할을 비교해보면 잘 알 수 있다. 〈표 7.11〉은 각 교수법에 따라 교사와 학생의 역할, 그리고 수학적 과정이 어떻게 다른지를 보여준다(Ernest, 1984).

〈표 7.11〉 각 교수법에서 교사와 학생의 역할 및 수학적 과정 비교

교수법	교사의 역할	학생의 역할	수학적 과정
직접 교수법 (설명식)	지식을 명시적으로 진술하고, 적용할 수 있는 연습문제를 제시함	주어진 지식을 연습문제에 적용	수학적 사실, 기능, 개념 적용
안내된 발견학습	일련의 예를 통하여 규칙을 암묵적으로 제시함	일련의 예에 암묵적으로 포함된 규칙을 추측	일반화, 귀납적 추론으로 규칙 찾기
문제해결학습	문제를 제시하지만, 해결방법은 제시하지 않음	자신만의 방법으로 문제를 해결하고자 시도함	문제해결전략
수학적 탐구학습	탐구 영역을 제시하거나 학생들이 선택하게 함	탐구를 위하여 탐색할 문제를 선택하고 자유롭게 탐구함	문제설정 및 문제해결 전략

〈표 7.11〉에 제시된 바와 같이, 직접 교수법으로부터 수학적 탐구학습으로 이동함에 따라, 통제 정도가 점점 약해지고 있고, 교사의 역할이 바뀌고 있으며, 수학적 방법, 과정 및 내용에 대한 학습자의 자율성이 점점 높아짐을 알 수 있다. 마찬가지로 수학적 과정은 수학적 사실, 기능, 개념에 대한 적용으로부터 일반화, 귀납적 추론에 의한 규칙 찾기와 같은 제한된 문제해결전략, 완전한 문제해결전략, 그리고 마지막으로 문제설정으로 바뀌고 있다.

수학적 과정 이외에 교사의 통제 정도도 변하고 있다. 즉, 학생들이 제시한 해결방법이나 정답에 대한 통제, 학습 내용의 선택권이 약화되거나 거의 없어지고 있다. 반면에 학습자들은 자신의 해결방법에 대한 통제권이 커지고 있으며 결국에는 학습 내용 자체에 대한 선택권도 갖게 된다. 탐구 중심의 교수법으로 이동함으로써 학습자의 자율성과 자기 조절력이 커지는데, 이것은 성공적인 메타인지적 수업에서 달성되는 것들이다.

Chapter 8

정의적 영역

2장에서는 심리학적 기능과 학습 목표를 세 가지 영역으로 분류한 블룸 등(Bloom et al., 1956)의 이론을 살펴보았다. 다시 한 번 더 언급하면 다음과 같다. 인지적 영역은 지식, 이해, 추론과 같이 지적 기능과 관련되어 있고, 정의적 영역은 태도, 감정, 가치 인식과 관련되어 있으며, 심동적 정역은 신체적 기능 및 숙달, 지각적 기능과 관련되어 있다.

앞에서 주로 논의한 인지적 학습목표와 달리, 태도와 가치 인식은 정의적 영역에 해당한다. 일상적인 용어로 본다면 'affect'는 원인이고 'effect'는 결과이다. 이런 점에서 정의적(affective) 영역은 개별 주체에게 작용하여 행동을 유발하게 하는 내적 요인이다.

블룸의 교육 목표 분류학에 따르면(Krathwohl, Bloom et al., 1964), 정의적 영역은 다음과 같이 그 복잡한 정도에 따라 5단계로 구성된다.

1. 수용-주의집중: 자극을 감지하고 받아들임
2. 반응: 자극에 관심의 수준을 넘어 능동적 행동을 보임
3. 가치화: 특정한 가치를 부여하고 지향함
4. 조직화: 자신의 가치를 구체화하여 평가하며, 여러 가치 체계를 조직함
5. 성격화: 가치가 일관성 있게 내면화됨

현대 심리학에서는 정의적 영역이 크라스월(Krathwohl), 블룸의 분류 체계를 넘어서서 태도, 감정, 정서, 신념 및 가치도 포함하는 것으로 인식되고 있다.

즉, 현대 심리학의 관점에서는 다음과 같은 것들이 정의적 영역에서 논의되고 있다.

- 수학에 대한 태도: 수학에 대한 자신감, 불안, 선호도(수학 전반에 대한, 또는 특정한 수학 영역이나 주제, 접근방법에 대한)
- 수학에 대한 신념: 수학에 대한 자아개념, 수학 교과에 대한 신념, 수학의 본질에 대한 신념, 수학 교수·학습에 대한 신념
- 수학에 대한 가치 인식
- 수학 교실 분위기에 대한 인식(B. Fraser & R. L. Burden)
- 정의적 영역의 다른 측면: 가치, 감정

이 장에서는 정의적 영역 중에서 수학학습심리학과 관련된 가장 중요한 측면에 초점을 맞추려고 한다. 즉 수학에 대한 태도, 신념 및 가치 인식이 그것이다.

수학에 대한 태도

수학에 대한 태도의 중요성은 널리 인정되고 있다.

- **학업성취도** – 태도는 수학 학업성취도에 영향을 준다.
- **문제해결** – 문제해결은 수학학습의 주된 목표 중 하나이며, 태도는 문제해결에서 인내와 끈기에 영향을 준다.
- **선택** - 많은 학생들이 수학을 기피하고 있다. 특히 여학생의 경우는 더욱더 심한 편이다.
- **불안** – 수학에 대한 불안은 교육뿐만 아니라 성인이 되어서도 생활 전반에 나쁜 영향을 준다.
- **교수·학습** – 태도는 교사에 의하여 전달될 수 있으며, 수학에 대한 교사의 관점도 역시 전달될 수 있다.

교사의 기질 및 성향은 수학 및 수학 교수·학습에 대한 학생들의 태도에 영향을 주기 때문에(Aiken, 1970), 교사의 수학적 태도는 매우 중요한 요소이다. 잘 알려진 대로, 정의적 요소는 학습에 강력한 영향을 준다(Evans, 1965; Khan & Weiss, 1973). 연구자들은 교사의 수학에 대한 태도와 학생들의 수학성취도 사이에는 유의미한 상관관계가 있음을 밝혀냈다(Bege, 1979; Bishop & Nickson, 1983; Schofied, 1981). 물론 이들 사이의 상관관계가 그리 크지 않다는 연구도 있다(Begle, 1979; Bell *et al.*, 1983).

오랜 기간에 걸쳐서 수학에 대한 태도에 관하여 많은 연구들이 수행되었다. 특히 벨 등(Bell *et al.*, 1983)과 맥레오드(McLeod, 1992)는 의미 있는 조사연구를 수행하였다. 맥레오드는 수학에 대한 정의적 영역 중에서 태도, 감정, 신념을 분석하였다.

신념에 대해서는 이 장의 마지막 절에서 논의할 것이다. 감정은 강렬하게 경험된 느낌으로서 무의적으로 일어나며 빠르게 변한다. 여기에는 좌절, 즐거움, 열정 등이 포함된다. 또한 감정은 짧게 유지되고 안정적이지 못하기 때문에 심도 있게 연구하기 어렵다. 그러나 수학에 대한 태도는 감정에 비해 안정적이다. 또한 일단 어떤 태도가 형성되면 강력한 감정으로 표출된다. 그렇기 때문에 태도를 연구할 때는 태도를 직접 연구하기보다는 태도의 산물로서 감정을 간접적 대상으로 연구한다.

태도는 어떤 행동 패턴에 대한 방향이나 성향을 말한다. 태도는 수학에 대한, 그리고 수학을 배우는 학생으로서의 자신에 대한 태도일 수 있다. 물론 수학에 대한 자아개념은 신념과 분리해서 고려될 수 없다. 수학에 대한 태도는 수학에 대하여 견고하게 자리 잡고 있으며 오래 지속되고 있는 성향을 말한다. 비숍과 닉슨(Bishop & Nickson, 1983)에 따르면,

> **초등학교에서 이루어진 학생들의 수학적 경험의 결과 특히, 수학적 성취 여부에 따라 수학에 대한 태도는 학생들이 중등학교에 들어가면서부터 더욱더 견고해진다(p. 20).**

태도는 일반적으로 두 가지 요소로 구성된다. 첫째는 무엇에 대한 것이다(예를 들어, 수학의 즐거움). 둘째는 무엇에 대한 방향이나 지향성을 말한다(예를 들어, 수학에 대한 긍정적 또는 부정적 태도). 맥레오드(1992)는 태도를 좋아함/싫어함, 흥미로움/지루함 등과 같이, "어떤 대상에 대하여 긍정적으로 또는 부정적으로 반응하는 정의적 반응이다."라고 정의하였다.

연구자들은 수학에 대한 태도의 요소를 다음과 같이 몇 가지로 구분하였다.

1. 수학에 대한 선호도(좋아함 또는 싫어함)
   예를 들어, "수학은 흥미롭고, 재미있고, 보람 있는 것으로 생각한다." 그렇지만 "수학을 하면 즐겁다."와 같이, 수학적 활동을 즐겁게 또는 열성적으로 하는 것은 수학에 대한 선호도 아래에 있는 개념이다.
2. 자신의 수학적 능력에 대한 자신감(반대는 자신감 결여)
   예를 들어, "수학은 쉽다.", "수학은 어렵다.", "나는 수학을 잘한다.", "나는 수학적 능력이 없다."

3. 수학에 대한 불안
   수학을 좌절, 공포, 고통이나 불쾌한 상황과 같이 부정적인 감정이나 경험과 관련지어서 생각한다.
4. 수학의 중요성 및 유용성
   예를 들어, "수학은 필요하고, 매우 유용하며, 현대 생활과 직업과 밀접한 관련이 있다."

활동	〈표 8.1〉에 제시한 수학에 대한 태도 설문을 위에 제시한 수학에 대한 태도 요소에 따라 분류하시오. 수학에 대한 자신의 태도는 어떠한지 알아보시오.

탐구할 문제	〈표 8.1〉의 설문지를 사용하여 학생들의 수학에 대한 태도를 조사하시오. 수학에 대한 태도와 학업성취도 사이의 상관관계 연구는 흥미로운 연구 주제가 될 수 있다. 예를 들어, 학업성취도가 높은 학생들은 낮은 학생들보다 수학에 대한 태도가 긍정적인가?

〈표 8.1〉 수학에 대한 태도 설문지

1. 수학은 흥미롭고 재미있다.
2. 수학문제를 푸는 것을 생각만 해도 긴장된다.
3. 나는 수학을 정말로 좋아한다.
4. 나는 도형을 잘하지 못하기 때문에 수학을 싫어한다.
5. 나는 수학을 할 때 불안하다.
6. 수학에 대하여 나쁜 느낌을 갖고 있다.
7. 수학을 공부하는 것이 두렵다.
8. 수학은 나를 불안하게 만든다.
9. 나는 수학 공부하는 것을 즐긴다.
10. 나는 수학과 관련이 없는 것을 선택한다.
11. 나는 수학에 대하여 자신감이 있다.
12. 수학을 할 때 편안하다.
13. 수학문제를 풀 때면 긴장된다.
14. 나는 수학 퍼즐을 즐긴다.

15. 수학은 내가 어려워하는 과목이다.
16. 나는 내가 수학적 능력을 갖고 있다고 믿는다.
17. 수학에 대하여 두려움을 느낀다.
18. 수학을 좋아하지 않는다.
19. 나는 수학에 자신감이 없다.
20. 나는 다른 과목들보다 수학에 자신감이 없다.
21. 나는 수학을 잘하지 못한다.
22. 나는 수학이 재미있다.
23. 나는 수학을 두려워한다.
24. 수학과 관련된 모든 것들이 나를 불안하게 만든다.
25. 수학은 쉬운 과목이다.
26. 나는 수학에 자신감을 가져본 적이 없다.
27. 나는 다른 과목들보다 수학을 좋아한다.
28. 나는 항상 수학 숙제를 걱정한다.

수학에 대한 태도와 관련된 연구

Cockcroft(1982)에서는 APU(Assessment of Performance Unit)의 결과를 다음과 같이 보고하였다.

> 태도는 교사의 태도로부터 유발되며 …… 학부모의 태도로부터도 영향을 받는다(상관관계는 매우 낮지만). 수학에 대한 태도는 전반적으로 학교교육에 대한 태도와 상관관계가 있으며(다른 과목에서도 일관성 있게 나타남), 또래 집단의 태도와도 상관관계가 있다.

마찬가지로 코스텔로(Costello)는 1985년에 수행된 APU 설문조사를 바탕으로 다음과 같이 적고 있다.

> 초등학생들이 수학을 재미있어 하는지에 대한 가장 정확한 답은 "가끔 그렇다."는 것이다. 그러나 중등학교로 갈수록 수학에 대한 태도는 더 나빠진다. …… 그러나 초등학생들과 중등학생들의 태도가 악화되는 방식이 서로 다르다. 중등학생들의 경우 수학에

대한 태도가 악화되기는 하였지만 수학의 유용성에 대한 인식은 상대적으로 유지되고 있는 반면에, 초등학생들은 수학을 훨씬 더 싫어하고 어려워하는 것으로 나타났다 (Costello, 1991, p.123).

1970년대 이후, 수학에 대한 태도와 관련하여 광범위한 고찰이 이루어졌다(예를 들어, Aiken, 1970, 1976; Kulm, 1980; Leder, 1987; McLeod, 1992, 1994; Ma & Kishor, 1997). 이들의 고찰에 따르면, 태도에 관한 연구들은 주로 학교 교과로서의 수학에 대한 학생들의 태도에 초점을 두고 있다. 수학에 대한 학생들의 태도에 관한 연구는 더 큰 규모로 확장될 수 있다. 예를 들어, APU에서 실시한 수학에 대한 학생들의 태도에 관한 국가 수준의 연구(1988, 1991)와 FIMS(Husen, 1967), SIMS (Travers & Westbury, 1989), TIMSS(Keys *et al.*, 1996a, 1996b; Harris *et al.*, 1997)과 같은 국제 비교 연구가 그것이다. 이 연구들을 종합해보면, 학생들이 초등학교에서 중등학교로 옮겨감에 따라 수학에 대한 태도가 악화되는 경향이 있는 것으로 나타났다. 영국의 APU(1988, 1991)에서 수행한 연구결과는 다음과 같다.

(1) 11세와 15세 학생들의 75%는 수학을 유용한 것으로 인식하였다.
(2) 11세와 15세 학생들 중 $\frac{1}{3}$은 수학을 어려운 과목으로 인식하였다. 11세 학생들 중 25%는 수학이 어려운지 쉬운지 잘 알지 못하였다.
(3) 11세 학생들은 즐거움을 수학에 대한 태도에서 중요한 요소로 제시하였으나, 15세 학생들은 즐거움을 별로 언급하지 않았다.

수학에 대한 불안

수학에 대한 불안은 태도의 두 가지 부정적 요소, 즉 수학을 극도로 싫어함과 자신감 결여와 관련이 있다(물론 수학에서 검사 불안도 있다). 수학에 대한 불안을 표현하는 다른 용어로는 수학 공포(Mathephobia)가 있다. 즉 수학을 두려워하거나 혐오하는 현상이다. 수학에 대한 불안은 초등학교 아동들에게 나타나는 일반적 현상은 아니다. 즉 수학 불안은 일부 성인들에게서 나타나지만, 수학 불안을 겪고 있는 아동들은 그리 많지 않다(Buxton, 1981; Maxwell, 1989). 수학 공포라는 용어가 처음 등장한 것은 고프(Gough, 1954)의 논문이었다.

호일즈(Hoyles, 1992, p.368)는 수학에 대한 아동들의 태도에 관한 연구에서 불안, 무능함이나 창피함은 14세 학생들의 부정적인 수학 학습 경험과 관련이 있다고 주장하였다.

또한 대학생들의 수학 불안에 관하여 많은 연구가 수행되었다. 예를 들어, Battista (1986), Betz(1978), Dew *et al.*(1983), Hendel(1980), Llabre & Suarez(1985), Morris (1981), Resnick *et al.*(1982), Richardson & Woolfolk(1980), Rounds & Hendel(1980), Tobias(1980, 1987). 대부분의 연구에 따르면, 미국의 대학생들은 자신이 선택해서 수학을 공부한 것이 아니라 졸업 요건을 갖추기 위해서 수학을 공부한 것으로 나타났다.

헴브리(Hembree, 1990)는 수학 불안에 관한 논문 151편을 대상으로 메타분석을 실시하였다. 연구 결과, 수학 불안은 수학성취도와 부적상관관계가 있으며, 결국에는 수학을 회피하게 만드는 것으로 나타났다. 또한 수학 불안은 남학생보다는 여학생에게서 더 높게 나타났다.

호지스(Hodges, 1983)는 수학 공포를 막는 데 도움이 되는 교수 양식과 학습 양식이 있다고 주장하였다. 또한 그녀는 수학 공포의 수준을 판별할 수 있는 질문지를 제시하였다.

수학에 대한 태도의 성차

수학에 대한 태도의 또 다른 중요한 측면은 성별 차이에 관한 것이다. 중등학교 여학생들의 수학에 대한 태도 점수가 남학생보다 낮았을 뿐만 아니라, 영국의 중등교육자격시험인 GCSE(The General Certificate of Secondary Education) 수료 후 'A' Level[1)]을 선택한 비율도 작았다.

영국의 APU(1988, 1991) 설문조사 결과, 11세와 15세 학생들 모두 수학적 능력과

1) **역자주** 영국의 중학교 과정인 GCSE는 10, 11학년 과정으로 영어, 수학, 과학을 기본 교과로 학습한다. GCSE 수료 후 12, 13학년 과정인 A Level은 영국 내 상위권 대학교에 입학할 준비를 하는 확실한 방법이다. 영국 내 상위권 대학은 대부분 A Level 학생들을 선발하기 때문이다.

성취도에서 남학생들이 여학생들보다 더 높은 자신감을 갖고 있는 것으로 나타났다. 또한 남학생들이 여학생들보다 수학을 재미있고 흥미롭게 생각했으며, 수학의 유용성과 가치를 인정하는 비율도 높았다.

수학에 대한 태도의 성차에 대해서는 많은 연구들이 진행되었다(Fennema & Sherman, 1976, 1978; Eccles *et al*., 1993; Vanayan *et al*., 1997). 이 연구들은 초등학교 3학년과 같이 어린 시기에는 수학에 대한 태도에서 더 많은 성차가 나타난다는 주장을 일관되게 지지하고 있다. '좋아함'과 '즐거움'과 같은 태도 요소에서는 성차가 나타나지 않았지만(Steinback & Gwizdala, 1995; Vanayan *et al*., 1997), 남학생들이 여학생들보다 수학을 더 잘하였으며, 남학생들은 자신들이 여학생들보다 수학을 잘하는 능력을 갖고 있다고 믿는 경향이 있었다. 고등학교의 경우, 남학생들이 여학생들보다 수학을 유용한 과목으로 인식하는 것으로 나타났다(Fennema & Sherman, 1978). 이상을 요약하지만, 남학생들은 여학생들보다 수학에 대하여 긍정적인 태도를 갖고 있으며 이러한 경향은 나이가 들어감에 따라 더 커진다.

수학에 대한 태도의 성차에 관한 또 다른 흥미로운 연구결과는 수학적 성공과 실패의 귀인에 관한 것이다(Burton, 1986). 〈표 8.2〉는 수학적 성공과 실패의 귀인에 있어서 남학생과 여학생의 차이를 보여준다.

〈표 8.2〉 수학적 성공과 실패의 귀인의 성차

	수학적 성공의 귀인	수학적 실패의 귀인
남학생	기능, 능력	불운, 노력 부족
여학생	행운, 노력	기능 부족, 능력 부족

전반적으로 남학생들은 수학적 성공의 원인을 기능과 능력과 같이 안정적이고 내재적인 것으로 생각하는 반면에, 수학적 실패의 원인을 불운이나 노력 부족과 같이 불안정하고 외재적인 것으로 생각하였다. 그러나 여학생들은 수학적 성공의 원인을 행운, 노력과 같이 외재적이고 불안정적인 것에서 찾았으며, 수학적 실패의 원인을 기능 부족, 능력 부족과 같이 안정적이고 내재적인 것에서 찾았다.

수학에 대한 태도와 수학성취도

"능력, 선호도, 태도, 학습동기 모두는 학생들이 수학적으로 성공하게 하는 데 크게 기여한다"(Orton, 1992, 107). 앞에 인용한 바와 같이, 수학에 대한 태도는 결과적으로 수학성취도와 관련이 있다.

> **긍정적 태도를 갖고 있으면 특히, 수학을 좋아하거나 흥미로워하면 노력을 더 많이 하게 되고 결국에는 높은 성취도로 연결된다는 보편적이고 타당한 믿음이 있다. 더 분명한 것은 수학에 대한 태도와 앞으로 공부할 과목으로 수학을 선택하는 것 사이에는 강력한 관련이 있다는 것이다. …… 그러나 긍정적 태도는 그 자체로 수학교육의 타당한 목표가 될 수 있다. 성취도로 측정되는 수학학습의 인지적 목표와 함께 학습의 정의적 목표도 중요한 학습 목표로 고려되어야 할 것이다(Costello, 1991, p.122).**

수학에 대한 긍정적 태도와 수학성취도 사이에는 유의미한 상관관계가 있다는 것이 여러 연구에서 밝혀졌다(예를 들어, Bell et al., 1983; McLeod, 1992). 긍정적 태도는 수학 교수·학습에서 매우 중요한 역할을 한다. 그러나 태도와 성취도 간의 관계는 그렇게 단순하지 않다. 예를 들어, 엑서터(Exeter) 대학교의 연구에 따르면, 성취도가 높은 학생들은 낮은 학생들보다 수학에 대하여 좀 더 긍정적인 태도를 갖고 있는 것으로 나타났다.

또 다른 혼란스러운 요인은 인과관계의 연결고리이다. 성취도가 높은 학생들의 수학에 대한 태도가 긍정적이라면, 그 원인은 무엇인가? 수학에 대한 긍정적 태도가 성취도를 높이는 원인이 되는가? 아니면 높은 성취도가 긍정적 태도의 원인이 되는가? 상관관계 연구를 통해서는 이 질문들에 대하여 답을 할 수 없다([그림 8.2]와 [그림 8.3] 참조).

수학적 태도와 수학성취도에 대해서는 많은 연구들이 이루어졌는데, 대체로 태도와 성취도의 관계를 조사한 연구(Quinn & Jadav, 1987; Minato & Kamada, 1996)와 수학에 대한 학생들의 태도에 영향을 주는 요인에 관한 연구(Reynolds & Walberg, 1992)이다. 태도에 대한 문헌 연구(Aiken, 1970, 1976; Neale, 1969; McLeod, 1992)와 메타 분석연구(Ma & Kishor, 1997)를 종합해 보면, 수학에 대한 태도와 수학성취도 사이의 관계를 일관성 있게 밝히지 못하고 있다. 또한 이러한 관계가 통계적으로 유의미하지만, 교육적 실제에 있어서는 그렇게 강력한 시사점을 제공하지 못하는 것으로 나타났다(Aiken, 1970, 1976; Neale, 1969; Ma & Kishor, 1997). 더욱이 그 관계는 "매우 복잡하고 예측 불가능한 방식으로 작용한다"(McLeod, 1992, p.582). 대부분의 연구들이 수학에 대한 긍정적 태도는 수학성취도를 높일 수 있을 것이라고 주장하지만, 이러한 인과관계는 그리 강하지 않으며 연구를 통하여 검증되지도 않았다. 그래서 마와 키쇼(Ma & Kishor, 1997)는 이 두 요인 사이에는 학습 동기나 수학수업 참여도와 같은 잠재적인 매개 변인이 있는 것 같다고 주장하였다.

일반적으로 수학에 대한 학생들의 태도와 강력하게 연결되어 있다고 주장하는 요인들에는 학습 동기(Reynolds & Walberg, 1992), 수학에 대한 학부모의 태도(Cain-Caston, 1986), 가정환경(Cai, Moyer & Wang, 1997), 문화적 요인(Huang & Waxman, 1997), 학생들이 인식하는 교사의 수업의 질(Reynolds & Walber, 1992) 등이 있다. 그러나 모든 연구들이 일관된 증거를 제시하지 못하기 때문에 어떤 결론을 내리기는 쉽지 않다.

APU(1985, p.528)에서는 태도와 수학성취도 사이의 상관관계를 조사하였다. <표 8.3>은 그것을 요약한 것이다.

<표 8.3> 태도와 수학성취도의 상관관계

		즐거움	유용성	어려움
11세	태도	0.21	0.43	0.42
15세		0.13	0.20	0.40

표본 집단의 크기가 컸기 때문에 연구 결과가 유의수준 0.1% 수준에서 통계적으로 유의미하였지만, 상관관계는 그리 높지 않았다. 11세의 경우, 수학에 대한 즐거움과 수학성취도 사이의 상관관계는 0.21이었고, 15세의 경우는 0.13으로 매우 낮았다. 수학성취도가 상관관계가 높았던 것은 수학에 대한 어려움으로서 11세아 15세의 경우 모두 상관관계가 약 0.40이었다.

로렌즈(Lorenz, 1982)는 수학에 대한 태도와 수학성취도 사이의 관계를 [그림 8.1]과 같이 모델로 제시하였다. 그는 학습자의 수학적 자아개념을 정의적 영역의 핵심적 요소로 보았다. 자아개념과 더불어 학습자의 일반적 불안(즉, 개인 성격이나 특성)은 수학적 불안에 영향을 준다. 또한 학습자의 수학적 자아개념은 학습동기와 특정한 과제나 시험에 부딪혔을 때 그것을 해결하려는 노력에 영향을 준다. 즉 이 세 가지 요소(수학적 불안, 학습동기, 노력)는 학습자의 끈기와 인내심에 영향을 주고, 결국에는 수학성취도와 시험성적에 영향을 미친다. 다시 말해서, 이 세 가지 요소는 수학수업에서 학습자의 적극적인 반응과 상호작용으로 발현된다. 결론적으로 로렌즈에 따르면, 학습자의 수학적 자아개념은 수학에 대한 태도에 영향을 주는 핵심적 원인으로 작용한다.

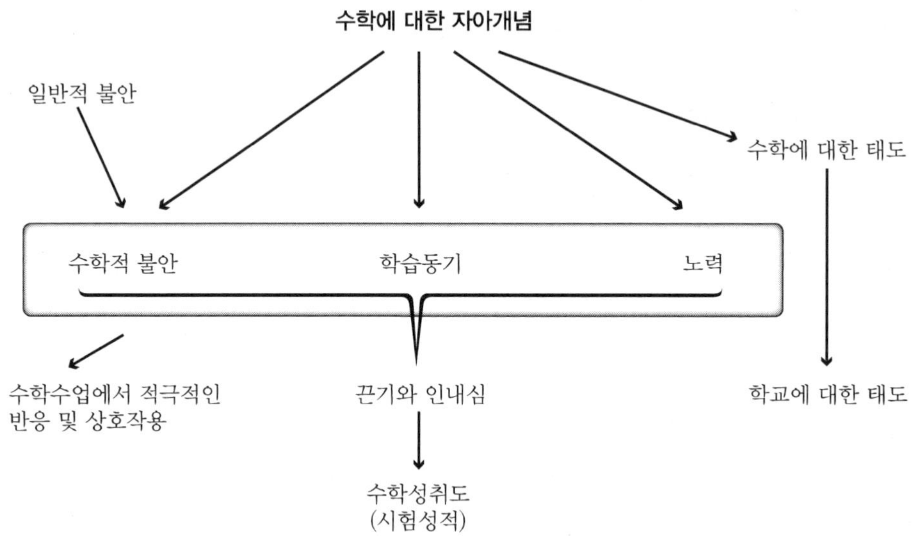

[그림 8.1] 태도와 성취도 사이의 관계를 설명한 로렌즈 모델

로렌즈 모델에 따르면, 수학적 자아개념과 학습동기가 포함되어 있는 수학적 태도는 다른 요인들과 결합되어 학습자의 끈기와 인내심에 영향을 주며, 결국에는 수학성취도와 시험성적에 중요한 요인으로 작용한다. 이러한 인과관계는 수학에 대한 부정적 태도가 형성되는 순환 고리가 되기도 한다. 즉, 수학 과제에 대한 실패는 수학에 대한 태도, 학습동기, 수학적 자아개념으로 인하여 발생할 뿐만 아니라, 부정적인 태도를 유발하는 원인이 될 수 있다.

다른 교과보다 수학에서는 주어진 과제에 대하여 절대적인 실패를 경험할 가능성이 높다(Haylock, 1991, p.35).

결국 반복된 수학적 실패는 수학에 대한 태도와 학습동기에 영향을 줄 수 있다. 헤일록(Haylock, 1991)은 "반복된 수학적 실패는 실패에 대한 두려움으로 인한 불안을 가중시키며, 이어서 불안은 수행능력을 악화시키고 더 많은 실패로 발전된다."라고 주장하였다.

어니스트(Ernest, 1985)는 이것을 지독한 '실패 순환 고리'라고 하였다. 즉, 실패를 경험한 아동은 자신감을 잃게 되고 결국에는 동기 부여의 결핍과 집중력 및 인내심 저하로 발전된다([그림 8.2]).

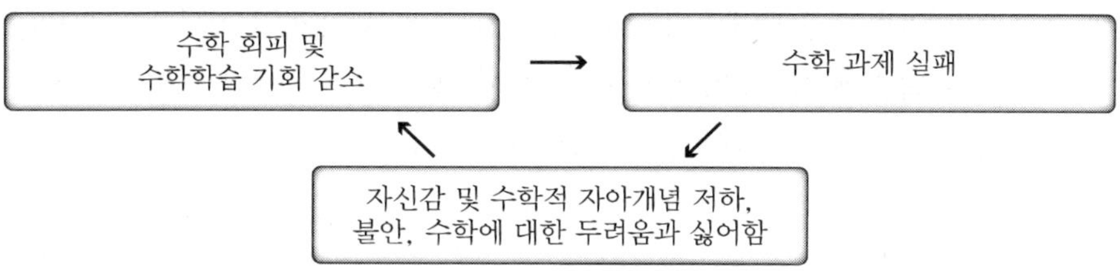

[그림 8.2] 수학학습 실패의 순환 고리

수학에 대한 실패의 경험으로 인하여, 학생들은 자신의 수학적 능력에 대한 자신감을 잃게 되며, 수학에 대하여 불안감을 느끼고, 수학을 두려워하거나 싫어하기까지 한다. 또한 수학에 대한 부정적 반응의 결과로 학생들은 자신감 및 인내심이 결여되고 수학을 회피하거나 쉽고 익숙한 것만 추구하게 된다. 이러한 현상이 누적되면, 학습자의 수학적 지식과 기능이 확장되지 못하기 때문에 수학을 학습하는 기회가 적어지고 더욱더 수학에 실패하게 된다. 이러한 자기 반복적인 실패의 악순환 고리는 쉽게 끊어지지 않으며 끊임없이 지속될 수 있다.

반면에 성공 경험과 긍정적 태도는 선순환 고리를 형성한다([그림 8.3]).

일단 학생들이 수학 과제에 성공을 경험하면 수학을 좋아하기 시작한다. 성공과 즐거움은 자신감으로 연결되고, 이러한 경험이 반복되면 수학적 자아개념과 자기 효능감이 높아진다. 이러한 긍정적 반응은 학습동기를 유발하며 결국에는 노력과 인내심의 향상으로 연결된다. 증가된 노력과 적절한 학습은 성공의 가능성을 높이며 선

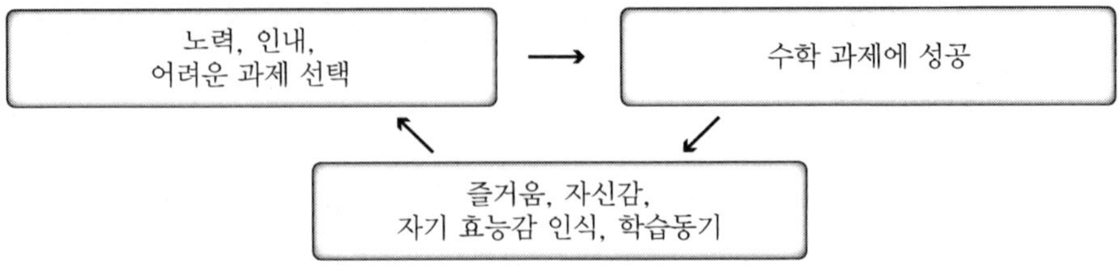

[그림 8.3] 수학학습 성공의 순환 고리

순환 고리를 형성하게 된다. 이 선순환 고리는 위로 향하는 모습의 나선형이다. 먼저, 증가된 노력은 외부의 인정으로부터 발생하는데 이것이 바로 외적인 동기부여이다. 물론 수학학습의 즐거움과 수학적 성취감은 내적 학습동기로부터 발현되는 것이 바람직할 것이다.

마와 키쇼(1997)의 연구에서도 강조되었듯이, 위에서 제시한 세 가지 모델([그림 8.1], 8.2, 8.3)은 학습동기, 노력, 수학수업 참여도와 같이 수학에 대한 태도와 수학 성취도 사이에 작용하는 매개변인들을 나타낸 것이다.

특정한 수학 주제에 대한 태도

특정한 수학 주제에 대한 태도를 분석한 연구들이 있다. 11세 학생들을 대상으로 한 APU연구를 보면, 대부분의 학생들이 쉽게 생각하는 주제들이 있는 반면에, 50% 이상이 어렵게 생각하는 주제들도 있었다(Joffe & Foxman, 1988).

〈표 8.4〉 수학 주제에 대한 태도(11세 학생)

쉬운 주제(대부분이 쉽게 생각)	어려운 주제(50% 이상이 어렵게 생각)
덧셈	각
뺄셈	분수
돈	%
시간	부피
곱셈	넓이
나눗셈	약수

카펜터(Carpenter)와 동료들(1980)은 미국의 NAEP(National Assessment of Educational Progress)의 연구 결과를 바탕으로 각 수학 주제에 대한 태도를 분석하였다. 9세 학생들의 각 수학 주제에 대한 태도를 조사한 연구결과에 따르면(<표 8.5>) 수학 주제에 대한 정의적 반응은 다양하게 나타났다. 9세 아동의 56%는 구구단 학습을 좋아하고 24%는 싫어하는 것으로 반응하였다. 한편 구구단 학습을 어렵게 생각하는 아동은 23%였다. 구구단 학습은 가장 싫어하고 어려워하는 수학 주제였다.

〈표 8.5〉 수학 주제에 대한 태도(9세 학생)

주제/활동	좋아함 / 싫어함(%)		쉬움 / 어려움(%)	
돈에 대한 학습	68	7	52	9
덧셈	65	10	65	9
뺄셈	47	20	59	12
나눗셈	50	18	39	16
문장제 해결	45	18	44	18
구구단 학습	56	24	39	23
도형 학습	63	11	82	4

태도를 평가하는 방법

태도를 조사하는 데는 여러 가지 방법이 있다. 그러나 태도를 조사하는 데는 내재적인 어려움이 있다. 대부분의 평가 방법은 학습자의 자기 보고에 의존하기 때문에, 몇 가지 방법론적 위험이 수반된다. 학습자의 자기 보고는 학습자의 태도를 왜곡할 가능성이 있으며 결국에는 태도 검사의 신뢰도에 부정적 영향을 줄 수 있다. 그 이유는 다음과 같다.

1. 학습자는 자신의 태도를 제대로 표현하지 않을 가능성이 있다(교사나 연구자를 만족시키기 위하여 또는 집단의 태도에 유리하도록 하기 위하여).

2. 학습자는 자신의 태도에 대하여 정확하게 알지 못할 수 있다.
3. 학습자는 즉흥적이고 충동적으로 응답할 수 있다.

수학에 대한 태도를 조사하는 과정에서 반드시 이러한 약점과 어려움을 염두에 두어야 한다. 태도를 조사하는 방법으로는 질문지(폐쇄형과 개방형), 의미분화법, 개별면담, 소집단 면담, 행동 관찰 등이 있다.

질문지는 일반적으로 리커트(Likert) 척도로 측정된다. 일반적으로 리커트 척도는 [그림 8.6]과 같이 5단계 척도로 이루어지는데 그 5단계는 아래와 같다. 전혀 그렇지 않다(-2), 대체로 그렇지 않다(-1). 보통이다(0), 대체로 그렇다(1), 매우 그렇다(2).

질문지에서는 리커트 5단계 척도가 가장 일반적으로 사용되지만, 어린 아동들에게 적용할 때는 아동들의 읽기 능력을 고려해야 한다. 어린 아동들에게는 척도의 수를 더 줄여서 제시하거나 그림으로 제시하여 응답하게 할 수도 있다. 예를 들어, 어린 아동들을 대상으로 하는 질문지에서는 얼굴 모양(☹, ☺)으로 답지를 구성할 수도 있다(Dunlap, 1976). 이 경우, 아동들의 언어적 어려움을 보완하기 위하여 일반적으로 질문지는 아동들에게 읽어준다.

학생들의 생각을 면밀히 조사하기 위해서는 개방형 질문지를 사용할 수 있다. 예를 들어, "수학에 대한 내 느낌은 .... 이다". 이러한 개방형 질문지는 수학에 대한 학생들의 생각, 느낌, 의미 형성을 탐구하는 해석적 연구를 위해서는 적절한 방법이지만, 자료를 정리하고 분석하는 것이 매우 어렵다.

질문지를 구성하는 또 다른 방법으로 의미분화법(semantic differential method)이 있다. 학생들은 양쪽 끝 사이에 자신의 생각에 해당하는 위치를 표시한다. 이 방법은 글쓰기를 최소화함으로써 학생들이 수학에 대한 태도를 쉽게 표현하게 할 수 있다.

수학은 : 쉽다 • • • • • • • • • 어렵다
재미있다 • • • • • • • • • 재미없다

태도를 조사하는 다른 방법으로는 면담이 있다. 면담은 학생의 태도를 좀 더 심층적으로 분석하는 데 사용될 수 있다. 면담은 연구자와 학생 사이의 의사소통 과정에서 연구자가 참여자에게 질문을 던지는 방식으로 진행된다(Schmuck, 1997). 면담은

개별로 또는 집단으로 수행될 수 있다.

또한 행동을 관찰함으로써 태도에 대하여 신뢰도 있는 정보를 얻을 수 있다. 이를테면 학생들이 어떤 수학 과목을 선택하는지 그리고 수업에 어떻게 참여하는지를 관찰함으로써 수학에 대한 태도를 조사할 수 있다.

레더(Leder, 1985), 마이클스와 포사이스(Michaels & Forsyth, 1978)는 수학에 대한 태도를 측정하는 몇 가지 방법에 대해서 연구하였으며, 목적에 따라 어떤 도구를 선택하고 설계할 것인지에 대해서 유용한 지침을 제시하였다.

수학에 대한 인식, 신념 및 가치

수학에 대한 학생과 교사의 태도 및 인식은 수학학습에 있어서 중요한 요소라는 점이 수학교육 문헌들에서 널리 강조되어 왔다(Ernest, 1991a). 모든 수학교사는 "수학은 무엇인가?"라는 질문을 자신에게 해보아야 한다. 수학에 대한 교사의 생각은 가르치는 방법에 영향을 주며, 학생들이 수학을 인식하는 방식에도 영향을 줄 것이다. 그러나 교사가 가르치고 있는 학생들과 이러한 관점을 공유하기는커녕 수학에 대한 관점에 관심을 갖지 않았다.

그럼에도 수학에 대한 태도, 수학적 신념과 관련된 연구들이 광범위하게 수행되고 있다. 수학교육에서 신념에 관한 연구는 크게 두 가지 영역에 초점을 두고 있다. 즉, 문제해결(예, Schoenfeld, 1989)과 성차(예, Fennema et al., 1990)에 관한 연구이다. 최근에는 교사의 신념과 수업 실행 사이의 관련성을 살펴보려는 연구들이 늘어나고 있다(예, Pajeres, 1992; Raymond, 1993).

수학 철학

수학 철학은 철학의 한 분야로서 일반적으로 수학의 본질에 관한 것이다(Davis & Hersh, 1980; Ernest, 1991a, 1998a). 수학의 본질에 대한 교사들의 관점은 명쾌하게 드러나지 않는 경우가 많다. 즉, 수학의 본질에 대한 교사들의 생각은 의식적이지 않고 암묵적이다. 수학에 대해서는 서로 다른 여러 가지 관점이 존재한다. 수학의 본질에 대한 생각은 크게 두 가지 관점으로 나누어 볼 수 있다. 그것은 바로 이원론적(Dualist) 관점과 반이원론적(non-Dualist) 관점이다. 이러한 구분은 페리(Perry, 1970)의 연구에 기초한 것으로, 쿠니(Cooney, 1988), 어니스트(Ernest, 1991a), 카레와 어니스트(Carré & Ernest, 1993)와 같은 연구자들도 그러한 구분을 따르고 있다. 물론 수학에 대한 관점은 이렇게 단순하게 이분법적으로 구분되지는 않을 것이다. 그럼에도 이러한 구분은 매우 중요한 의미가 있다.

이원론적 관점에서는 수학을 절대적이고 고정된 진리와 규칙을 모아 놓은 집합으로 본다. 즉, 수학은 정확하고 확실하며, 이미 확정된 것으로 변경 불가능하며, 옳거나 아니면 그른 것으로 판별 가능하며, 어떤 문제를 해결하기 위해서는 항상 따라야 하는 규칙이 존재하는 학문이다.

반이원론적 관점은 상대주의적(Relativist) 관점으로서, 수학을 인간의 창의성과 발견이 게재되어 있는 역동적이고 문제해결 지향적이고 끊임없이 확장되는 분야로 본다. 이 관점에서는 수학적 활동 즉, 수학을 행하는 것을 가장 강조하고 있으며, 수학적 문제를 해결하는 데는 여러 가지 방법들이 존재하는 점을 인정하고 있다.

그동안 수학교육개혁의 일환으로 진행되었던 수학교육과정 개선 운동들은 이원론적 관점과 반이원론적 관점으로 분류할 수 있다. 먼저, 기본적인 수학적 소양으로 수학적 의미나 문제해결보다는 수학적 사실, 규칙, 기능을 강조했던 '기초로 돌아가자(Back-to-Basics)'는 이원론적 관점을 지향한다고 볼 수 있다. 반면에 수학에서 문제해결과 탐구를 강조했던 Cockcroft Report(1982)와 National Curriculum in Mathematics Non-Statutory Guidance(National Curriculum Council, 1991)는 반이원론적 관점을 지지한다고 볼 수 있다. 앞에서 논의된 개념으로 보면, 수학에 대한 이원론적 관점에서는 학생들이 문제를 만드는 활동은 강조되지 않을 뿐만 아니라 허용되지도 않는다. 그러나 반이원론적 관점에서는 문제 만들기 활동이 수학적 소양을 기르는 데 매우 의미 있고 중요한 역할을 한다고 본다.

수학에 대한 신념 질문지

[그림 8.6]은 수학에 대한 신념, 즉 학생들이 이원론적 관점을 갖고 있는지 아니면 반이원론적 관점을 갖고 있는지를 알아보기 위한 질문지이다.

수학에 대한 신념 질문지

아래에 제시된 진술들은 수학에 관한 것입니다. 각 진술에 대하여 동의하는 정도에 따라 해당하는 숫자에 ○표를 하세요.

1	2	3	4	5
전혀 그렇지 않다	대체로 그렇지 않다	보통이다	대체로 그렇다	매우 그렇다

1. 수학은 고정되고 변하지 않는 진리로 구성된 집합이다.	1	2	3	4	5
2. 수학 문제를 해결하는 데는 여러 가지 방법이 있다.	1	2	3	4	5
3. 수학 문제를 해결하기 위해서는 따라야 하는 규칙이 있다.	1	2	3	4	5
4. 수학 문제는 정답이 여러 개 있을 수 있으며, 한 개도 없을 수도 있다.	1	2	3	4	5
5. 수학 학습은 주로 수학적 사실과 규칙을 기억하는 것이다.	1	2	3	4	5
6. 수학은 기본적으로 합을 구하는 것이다.	1	2	3	4	5
7. 퍼즐이나 조사는 수학 활동이 아니다.	1	2	3	4	5
8. 수학은 항상 변화하고 발전한다.	1	2	3	4	5
9. 수학에서 적절한 절차와 방법을 적용하면 항상 정답을 얻을 수 있다.	1	2	3	4	5
10. 수학 문제를 해결하는 방법은 한 가지만 있다.	1	2	3	4	5
11. 수학 문제를 해결할 때 실수하는 것을 두려워하지 말아야 한다.	1	2	3	4	5
12. 수학은 항상 정확하고 확실하다.	1	2	3	4	5
13. 문제를 해결하는 방법을 아는 것은 정답을 구하는 것보다 중요하다.	1	2	3	4	5
14. 수 패턴에 대한 탐구는 수학이 아니다.	1	2	3	4	5

[그림 8.6] 수학에 대한 신념 질문지

수학에 대한 이원론적 관점에 해당하는 문항은 1, 3, 5, 6, 7, 9, 10, 12, 14번이다. 이 문항들에 대해서, 전혀 그렇지 않다(5), 대체로 그렇지 않다(4), 보통이다(3), 대체로 그렇다(2), 매우 그렇다(1)로 점수를 배정한다. 이 문항들의 평균(총합/9)이 3점보다 높으면 이원론적 관점을 갖고 있는 것으로 판단한다.

반이원론적 관점에 해당하는 문항은 2, 4, 8, 11, 13번이다. 이 문항들에 대해서, 전혀 그렇지 않다(1), 대체로 그렇지 않다(2), 보통이다(3), 대체로 그렇다(4), 매우 그렇다(5)로 점수를 배정한다. 이 문항들의 평균(총합/5)이 3점보다 높으면 반이원론적 관점을 갖고 있는 것으로 판단한다.

탐구할 문제

구조화된 면담, 또는 [그림 8.6]과 같은 질문지를 사용하여 학생이나 교사를 대상으로 수학에 대한 신념을 조사해보시오. 수학에 대한 신념을 조사한 카레와 어니스트(Carré & Ernest, 1993)의 연구결과를 참고하시오.

수학에 대한 신념

수학에 대한 신념과 밀접하게 관련된 연구는 수학에 대한 근거 없는 믿음에 관한 것이다. 특히 학생들과 예비교사들이 갖고 있는 수학에 대한 근거 없는 믿음을 조사한 연구들이 많다(예를 들어, Mtetwa & Garofalo, 1989; Frank, 1990). 프랭크(Frank, 1990, p.10)에 따르면, "수학에 대한 근거 없는 믿음은 수학이 무엇인지에 대한 잘못된 인상을 심어주기 때문에, 그러한 믿음을 갖고 있는 사람들에게 잠재적으로 나쁜 영향을 줄 수 있다".

코글먼과 워런(Kogelman & Warren, 1978)은 수학 불안과 수학 회피와 관련된 일반적인 근거 없는 믿음 12가지를 다음과 같이 제시하였다.

1. 수학적인 머리를 갖고 있는 사람은 따로 있다.
2. 수학을 하는 데 필요한 것은 직관이 아니라 논리다.

3. 언제나 정답을 어떻게 구했는지를 알고 있어야 한다.
4. 수학 문제를 해결하는 최상의 방법이 있다.
5. 수학을 잘하기 위해서는 기억력이 좋아야 한다.
6. 수학 문제는 끝까지 열심히 하면 해결된다.
7. 여성보다 남성이 수학을 더 잘한다.
8. 답을 정확하게 구하는 것이 중요하다.
9. 수학자들은 머릿속으로 수학 문제를 빠르게 해결한다.
10. 수학은 창의성이 필요한 분야가 아니다.
11. 손가락으로 세면 안 된다.
12. 수학을 하는 데는 마법의 열쇠가 있다.

이러한 근거 없는 믿음들은 수학 및 수학학습의 본질에 대한 신념과 관련이 있다. 근거 없는 믿음 1과 7은 수학적 능력의 성차에 관한 것이며, 2, 8, 9, 10은 수학이 논리적이고 엄밀하며 위계적인 과목이라는 것을 의미한다. 3, 4, 11, 12는 정답을 구하는 데는 고정된 방법이 있다는 이원론적 관점에 관한 것이며, 5와 6은 수학에서 중요한 것은 기억과 노력이라 점을 제시한 것이다.

파울로스(Paulos, 1992, p.335)는 수학교육자와 교사들이 타파해야 할 적어도 다섯 가지의 근거 없는 믿음이 있다고 하였다. 그는 이러한 수학에 대한 근거 없는 믿음은 교육과정 개정이나 공학적 도구의 활용과 같은 다른 교육적 이슈만큼 중요하다고 보았다. 다섯 가지 근거 없는 믿음은 다음과 같다.

1. 수학은 계산이다.
2. 수학은 엄격한 위계를 갖고 있는 과목이다.
3. 수학적 활동과 서사적 활동은 서로 이질적이다.
4. 수학은 몇몇 사람들만을 위한 과목이다.
5. 수학은 좌절감을 주는 과목이다.

같은 관점에서 므테트와와 거로펄로(Mtetwa & Garofalo, 1989)도 수학에 어려움을 겪고 있는 학생들이 갖고 있는 수학에 대한 근거 없는 믿음을 조사하여 다섯 가지 믿음을 밝혀냈다. 여기에는 계산 문제는 단계별 알고리즘을 적용해서 해결해야 하며, 수학 문제에는 오직 하나의 정답만이 존재한다는 믿음이 포함되어 있다. 이러한 믿음을 갖고 있는 학생들은 수학을 싫어하게 되고 결과적으로 수학학습에 더욱더 어려움을 겪게 된다.

요약하면 학생과 예비교사들이 공통적으로 갖고 있는 수학에 대한 근거 없는 이러한 믿음은 위에서 설명한 이원론적 관점과 일맥상통한다.

수학에 대한 학생과 교사의 신념은 다음과 같은 관점에서 고려할 필요가 있다.

1. 학문으로서 수학에 대한 교사의 관점
2. 학교 수학에 대한 교사의 관점
3. 학교 수학에 대한 학생의 관점

1과 2 사이에는 밀접한 관련성이 있으며, 2와 3도 같은 맥락에서 관련성이 있다. 이들 사이의 관련성은 사회적 맥락이나 상황으로부터 많은 영향을 받기 때문에 그리 간단하지 않으며(Ernest, 1989, 1995), 그러한 관련성을 단순한 논리나 인과관계로 설명할 수 없다. 다만 통계적 상관관계로 설명될 뿐이다. 자세한 내용은 쿠니(Cooney, 1988), 어니스트(Ernest, 1991a), 므테트와와 거로펄로(Mtetwa & Garofalo, 1989)의 연구를 참고하기 바란다.

학교 수학에 대한 학생들의 관점

얼방거(Erlwanger, 1973)는 베니(Benny)라고 하는 12세 아동을 대상으로 사례 연구를 실시하였다. 이 아동은 자신감 있고 총명하며 자신의 생각을 분명하게 표현하는 아동으로 미국의 개별 처방식 수업(IPI, Individually Prescribed Instruction)으로 수학을 학습했다. 베니는 IPI 기준으로 보면 성공적인 학습을 하였지만, 잘못된 수학 규칙을 만들어 내기도 하였으며 전반적으로 수학을 이해하는 데 실패하였다. 수학에 대한 이 아동의 관점을 보면, 수학을 해답집에 제시된 정답을 찾기 위하여 노력하는 비합리적인 '마술'이나 '막막한 추적'이라고 생각하고 있었다. 베니는 각 수학 문제에는 여러 개의 정답과 해결방법이 존재하지만, 오직 하나의 정답만이 인정된다고 생각하였다. 또한 "수학은 서로 관련이 없는 규칙들을 모아 놓은 집합이다."라고 생각하였다. 즉, "분수에는 서로 다른 규칙이 100개나 있다."라고 말하였다. 이러한 관점은 이원론적 관점과 매우 유사하다.

프레스턴(Preston, 1975)은 3000여 명의 아동들을 대상으로 수학에 대한 관점을 연구한 결과 두 관점을 찾을 수 있었다.

관점 A. 수학을 알고리즘적이고 기계적이며 정형화된 과목으로 봄
관점 B. 수학을 개방적이고, 직관적이며, 발견적 요소가 있는 과목으로 봄

아동들은 학습 경험을 바탕으로 스스로 수학에 대한 강력한 이미지를 구성하는 것으로 보인다. 수학에 대한 그들의 관점은 앞에서 논의한 수학 철학을 연상시킨다. 관점 B는 문제해결적인 수학 철학과 유사하지만, 관점 A는 수학에 대한 이원론적 관점에 가깝다(동일하지는 않지만). 프레스턴은 수학에 대한 아동들의 관점은 그동안 공부했던 수업 방법, 가르쳤던 수학교사, 성별 등과 같은 요인들에 의하여 영향을 받는다고 하였다. 또한 수학을 상황이나 맥락 속에서 다루고 있는 현대의 수학 과목은 관점 B와 관련이 있지만, 많은 수학교사들과 여학생들은 관점 A를 갖고 있는 것으로 나타났다(Preston, 1975; Bell *et al*., 1983).

다른 연구자들도 수학에 대한 학생들의 관점을 조사하였다. 코우바와 맥도널드(Kouba & McDonald, 1987, 1991)는 초등학생 1202명과 중등학생 451명의 관점을 비교하였다. 연구결과, 성인들과 달리 아동들은 수학을 잘 정의된 교과로 보지 않는 경향이 있었다. 대부분의 초등학생들은 수학을 주로 수 세기와 계산을 다루는 좁은 의미의 교과로 생각하였다. 또한 "그들에게 수학은 고정 불변인 것이 아니라 발전적으로 변화하는 것이었다"(Kouba & McDonald, 1987, p.107).

중학교 학생들(8세와 9세)은 수학을 산술뿐만 아니라 확률, 기하, 측정 등이 포함된 좀 더 포괄적인 영역이라고 생각하는 경향이 있었다. 즉, 분명한 수학적 용어, 기호, 형식이 사용되는 것들을 수학으로 보았으나, 대칭과 같이 일상적 용어가 포함되어 있는 때는 수학으로 인식하지 않는 경향이 있었다. 초등학생과 중학생 모두 그들

이 수학 수업에서 했던 것들을 수학으로 인식하였으며, 그들에게는 그것이 바로 수학이었다. 결론적으로 보면, 교실에서 이루어졌던 학생들의 학습 경험이 수학에 대한 그들의 관점에 결정적인 영향을 주는 것으로 나타났다.

APU(1985)에서는 수학에 대한 태도뿐만 아니라 수학에 대한 인식에 대해서 광범위한 연구를 수행하였다. 연구결과에 따르면, 학생들은 수학 주제들을 어려운 것-쉬운 것, 유용한 것-유용하지 않은 것으로 구분하였는데, 이러한 구분은 수학에 대한 그들의 관점에 중요한 역할을 하는 것으로 나타났다. 또한 학생들은 수학을 유용하고 중요한 과목으로 생각하는 경향이 있었다. 이것은 현대 사회에서 수학의 중요성을 인식한 것으로 현실적인 생각이 반영된 것이다.

프랭크(Frank, 1988)는 양적 연구방법(예를 들어, 설문조사)과 질적 연구방법(예를 들어, 관찰이나 면담)을 사용하여 수학 성취도가 높은 27개의 중학교를 대상으로 수학적 신념을 조사하였고, 수학적 신념이 문제를 해결하는 데 어떤 영향을 미치는지를 분석하였다. 연구에 따르면, 학생들은 다음과 같은 신념을 갖고 있는 것으로 나타났다.

1. 수학은 계산이며, '수학을 한다'는 것은 규칙을 따르는 것이고 수학 학습은 기억력과 관련이 있다.
2. 수학 문제는 몇 개의 단계를 거치면 빠르게 해결할 수 있다.
3. 수학을 하는 목적은 '정답'을 얻기 위한 것이다.
4. 수학을 배우는 학생의 역할은 수학적 지식을 받아들이고 그것이 받아들여졌는지를 보여주는 것이다.
5. 수학 교사의 역할은 수학적 지식을 학생들에게 전달하고 학생들이 그 지식을 받아들였는지를 확인하는 것이다.

마찬가지로 세사르(Cesar, 1995)도 리스본에 있는 7학년 학생 331명을 대상으로 수학에 대한 이미지, 수학을 좋아하는(또는 싫어하는) 이유를 조사하였다. 연구에 따르면, 대부분의 학생들은 수학을 계산으로 인식하였으며, 일부 학생들은 수학을 일상생활이나 미래의 생활에 필요한 유용한 과목으로 생각하였다. 수학을 좋아하는 학생들과 수학을 싫어하는 학생들은 차이점이 있었다. 즉, 전자의 학생들이 수학을 흥미로운 과목으로 생각하는 반면에 후자의 학생들은 수학을 복잡하고 어려운 과목으로 생각하였다.

National Assessment of Education Progress(Brown *et al.*, 1988), SIMS(Traver & Westbury, 1989), TIMSS(Keys *et al.*, 1996a, 1996b; Harris *et al.*, 1997)와 같이 국가적으로 또는 국제적으로 수학에 대한 신념을 조사한 연구들은 많이 있다. 이 연구들에 따르면, 일반적으로 학생들은 수학을 중요하고 유용한 과목으로 인식하였지만 어렵고 기억력이 중요한 역할을 하는 과목으로 인식하는 것으로 나타났다.

학교 수학에 대한 학생들의 관점은 수학 수업에서 그들이 경험한 것들에 의하여 영향을 받는다. 이러한 경험에는 교사와의 관계, 교실에서 경쟁 체제, 실수에 대한 부정적 반응, 실패했을 때의 좌절감이나 창피함, 자존감에 영향을 미치는 사건 등이 포함된다. 학생들에게 암기된 절차를 적용하면 해결될 수 있는 정형화된 수학 과제를 학생들에게 제시하거나, 모든 수학 과제는 고정되고 객관적인 정답이 유일하게 존재하는 점을 강조하거나, 학생이 이러한 정답을 얻지 못했을 때 비판과 비난을 하면, 수학에 대한 이원론적 관점이 전달될 가능성이 높다. 불행하게도 수년 동안 이루어진 학교 교육과정에서 경험했던 것들은 수학을 차갑고, 절대적이며, 비인간적이고, 부정적으로 보는 수학에 대한 이원론적 이미지를 더욱더 공고히 하게 한다. 수학에 대한 이러한 이미지는 수학에 대한 부정적 태도와 연결되는 경우가 많다. 이 점은 수학에 대한 성인의 태도와 반응을 조사한 버크(Buerk, 1984)와 슈얼(Sewell, 1981)의 연구에서 확인되었다.

학교 수학의 경험은 학생들이 수학에 대한 생각, 인식, 이미지를 형성하는 데 기초가 된다. 특히 수학에 대한 부정적인 신념을 갖게 하는 데 핵심적인 역할을 한다. 물론 수학 수업 경험 모두가 부정적이지는 않을 것이다. 한 가지 나쁜 경험이 수학에 대한 부정적인 이미지를 양산할 수 있지만, 마찬가지로 한 가지 좋은 경험이 수학에 대한 긍정적인 이미지를 갖게 할 수도 있다. 워맥(Womack, 1983)은 자신의 긍정적인 경험을 다음과 같이 적고 있다. 학교에서 수학 문제를 해결하는 데 흥미가 있었던 것이 성공으로 이끌었으며, 교사의 칭찬과 격려 그리고 수학에 대한 관심의 증가로 인하여 궁극적으로는 수학교육 분야의 직업을 선택하게 되었다.

이상의 연구들을 종합해 보면, 학생들은 스스로 수학에 대한 강력한 고정 관념을 형성하며, 그러한 고정 관념은 학교에서의 학습 경험을 바탕으로 형성된다. 수학에 대한 학생들의 학습 경험이 수학에 대한 이미지에 강력한 영향을 주는 것에 비하여, 대중 매체나 다른 요인들은 영향력이 그렇게 강하지 않다.

수학에 대한 긍정적 신념의 형성

수학 역사를 수학의 교수·학습에 도입하면, 수학에 좀 더 인간적인 모습을 부여하는 데 긍정적인 역할을 할 수 있다. 파우벨(Fauvel, 1991)은 수학 수업에 수학사를 도입하면 다음과 같은 점에 도움이 된다고 하였다.

- 학습에 대한 동기유발
- 수학에 대한 공포심 감소
- 수학 문제를 해결하는 것이 자신만이 아님을 알게 함으로써 안정감 부여
- 수학에 인간적인 모습 부여
- 수학에 대한 인식 변화

수학사의 도입과 수학에 대한 긍정적 태도 및 수학의 유용성 인식 사이의 관계를 연구한 연구물들은 충분하지 않지만, 많은 실험적인 수업 프로그램에서 역사적 접근을 사용하고 있으며 긍정적인 결과가 보고되고 있다(Bartolini-Bussi, 1991).

Chapter 9 수학학습의 맥락 및 상황

수학학습의 상황(또는 맥락)과 수학 과제의 상황은 수학 교수·학습에서 중요한 역할을 한다는 점은 오랫동안 인정되어 왔다. 그러나 'context'라는 용어에는 모호한 점이 있다. 첫째는 과제 또는 학습 상황의 사회적 맥락을 의미하는 경우이고, 둘째는 과제나 문제의 맥락화(contextualisation)를 의미하는 경우이다. 전자는 과제의 사회적 위치, 그 과제를 둘러싸고 있는 일상적 활동, 과제와 관련된 개인의 역할 등에 관심이 있다. 반면에 후자는 과제가 제시되는 방식, 대상이나 활동과 관련하여 문제를 포장하는 방식에 관한 것이다. 일반적으로 교과서에 제시되는 과제는 글이나 그림으로 표현된다.

'실제적인(real)' 문제해결은 사람들이 작업 활동, 여가 활동, 그 외의 일상적 활동에서 접하는 현실적인 문제를 포함하고 있어야 한다. 즉, 일상적 대상, 개인, 실제 활동과 같은 맥락적 요소들은 수업 상황에서 제시되는 문제를 '실제 세상'의 문제로 바꾸어줄 수 있다. 즉, 텍스트로 제시된 문제에 맥락적 요소를 부여하는 것을 말한다. 그러나 수업 상황의 과제에 맥락적 요소를 입힌다고 해서 실제적인 문제가 되는 것은 아니다. 다시 말해서 진정한 의미의 '실제적인' 문제가 되는 것은 아니다. 결국 문제의 사회적 맥락과 사회적 맥락이라는 옷을 입혀서 과제를 표현하는 것 사이에는 차이가 있다.

이 장에서는 다음의 세 가지 주제에 대해서 살펴보려고 한다.

1. 개념과 지식의 심적 표상에 관한 이론
2. 과제의 표현에 관한 이론
3. 수학학습의 사회적 맥락에 관한 이론

이 주제들은 두 가지 중요한 이슈와 관련이 있다. 첫째는 주제 1과 주제 2의 관련성이다. 즉, 과제에 대한 서로 다른 표현은 수학학습에 어떤 영향을 주는가? 둘째는 학습의 전이에 관한 것이다. 즉, 특정한 사회적 맥락에서 학습된 지식은 다른 맥락이나 상황으로 어떻게 전이되는가? 이것은 10장의 주제이기도 하다.

심적 표상과 과제 표현

이 절에서는 심적 표상(내적)과 과제 표상(외적)의 중요성을 살펴보고, 이 둘 사이의 관련성에 대해서 알아볼 것이다.

브루너의 EIS 이론

브루너(Bruner, 1960, 1964, 1974)는 심리학자 피아제와 철학자 퍼스(Peirce)의 이론을 바탕으로 지식이 심적으로 어떻게 표현되는지에 관한 이론을 개발하였다. 여기서 Representation을 표상으로 번역한 것은 외적으로 나타나는 표현뿐만 아니라 내적으로(정신적으로) 나타나는 표현을 강조하기 위한 것이다. 브루너는 지식의 표상 양식을 세 가지로 제시하였다. 이러한 표상 양식은 모든 학습과 이해의 기초가 된다.

1. 활동적 표상(Enactive Representation)

이 표상 양식은 활동을 통하여 이해된다. 예를 들어, 자전거 타는 방법, 운동화 끈을 매는 방법, 각도기를 사용하는 방법을 아는 것과 같이 이것은 '무엇을' 아는 것이라기보다는 신체적 활동을 통하여 '하는 방법'을 아는 것이다. 활동적 표상에 의한 지식은 나중에 영상적 표상에 의한 지식으로 발전한다.

2. 영상적 표상(Iconic Representation)

이 표상 양식은 이미지나 그림을 통하여 이해된다. 예를 들어, 원의 개념이 마음속에 원의 이미지로 표현될 수 있다. 수학 문제는 문제 상황을 시각화하면 쉽게 해결될 수 있는 경우가 있다. 이것은 지식의 영상적 표상에 기초한 것이다. 영상적 표상이 발전하면 기호적 표상으로 이동한다.

3. 기호적 표상(Symbolic Representation)

기호적 표상은 지식을 추상적 기호로 표현하는 것이다. 수, 분수, 비와 비율, 대수와 같은 형식적 수학은 기호적 표상을 통해서만 이해될 수 있다. 브루너는 지식의 표상은 활동적 표상-영상적 표상-기호적 표상의 순서로 발달한다고 주장하였다. 그러나 그는 또한 이 세 가지 표상 양식이 모두 발달했더라도 모든 표상 양식을 계속해서 사용한다고 주장하였다.

브루너는 이 세 가지 표상 양식 모두를 거치면 학습이 잘 이루어진다고 주장하였다. 따라서 그의 이론은 수학교육에도 몇 가지 유용한 시사점을 제공한다고 볼 수 있다. 유의미한 수학학습이 되기 위해서는 각 수학 주제별로 활동적 표상-영상적 표상-기호적 표상 양식의 순서로 진행되어 한다. 기호적 활동을 이동하기 전에 활동적 표상과 영상적 표상에 기초한 활동이 선행되어야 한다. <표 9.1>은 수학 주제가 어떻게 표현되는지를 표상 양식으로 나타낸 것이다.

<표 9.1> 수학 주제에 적용된 브루너의 세 가지 표상 양식

수학 주제	활동적 표상	영상적 표상	기호적 표상
LOGO	신체 움직이기	화면에서 거북이 움직이기	로고 명령어 작성
분수	물건을 같은 크기로 자르기	등분한 부분 색칠하기	색칠한 부분을 분수로 나타내기 분수 계산하기
선대칭	접어서 자르기, 거울 사용하기	대칭선을 중심으로 도형 그리기	대칭도형의 위치를 좌표로 나타내기
확률	동전이나 주사위 던지기	수형도 그리기	확률 계산하기
수	손가락으로 세기	산가지로 나타내기	수로 나타내기
각	신체 돌리기	각 그리기	각의 이름 정하기 각도 측정하기

[그림 9.1]은 분수와 선대칭을 지도하는 데 표상 양식을 어떻게 적용하는지를 자세하게 나타낸 것이다.

브루너의 표상 이론과 “들은 것은 잊어버리고, 본 것은 기억하고, 행한 것은 이해한다.”는 중국의 격언은 서로 유사성이 있다. 즉, 들은 것은 기호적 지식으로서 쉽게 발달하지 않으며 바로 잊어버리는 경향이 있다. 본 것은 영상적 지식으로 기억하기 쉽기 때문에 기호적 지식보다 더 잘 발달된다. 행한 것은 활동적 지식으로 가장 잘 발달하며 오랫동안 유지되고 이해된다.

그러나 나는 브루너의 세 가지 표상 양식이 수학 주제에 외적으로 어떻게 적용되는지를 제시했기 때문에, 여기에는 약간의 오해가 있을 수 있다. 즉, 이 세 가지 표

브루너의 표상 양식	분수	대칭
활동적 표상	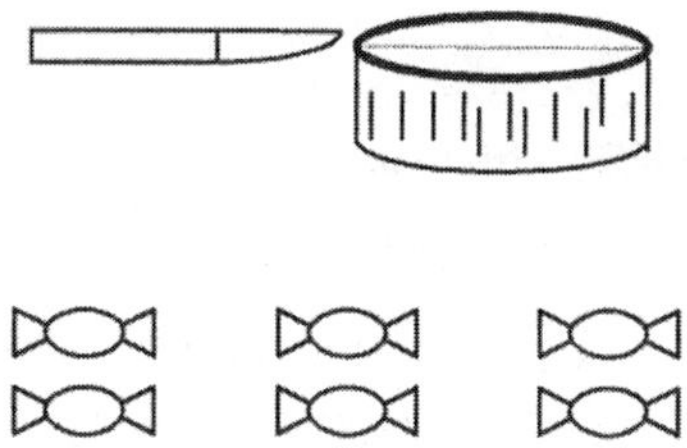	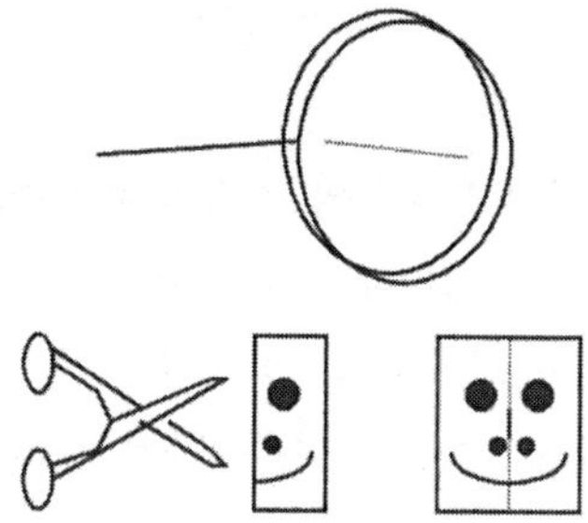
영상적 표상	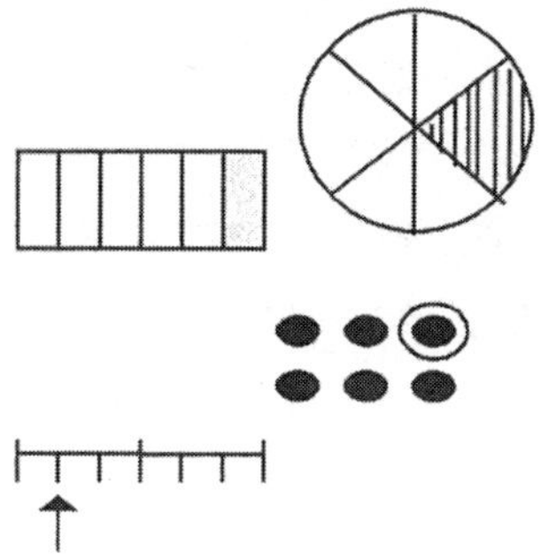	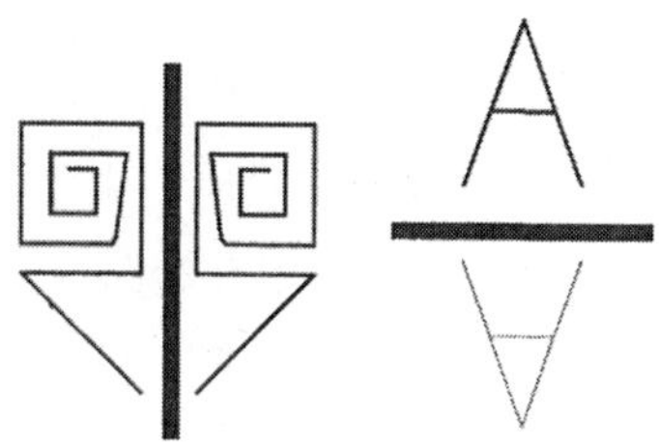
기호적 표상	$\frac{1}{6}$ $\frac{19}{31}$ $8 \div 17$ $3:4$ 0.1 11% $1\frac{7}{8}$ $\frac{1/2}{1/16}$	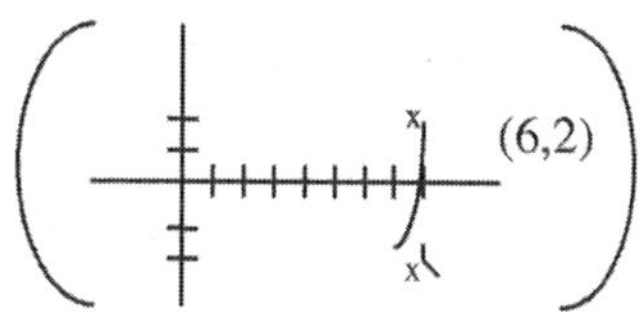

[그림 9.1] 분수와 선대칭에 적용된 브루너의 세 가지 표상 양식

상 양식은 과제 표현의 양식이지 정신적 표상의 양식이 아니다. 브루너의 이론에 따르면, 이러한 외적 표현 양식에 대한 학습 경험이 성공하기 위해서는 심적 표현으로 연결되어야 한다.

딘즈의 활동적 수학학습

졸탄 P. 딘즈(Zoltan P. Dienes)는 수학학습은 실제적이고 구체적인 경험에 기초해야 한다고 주장한 수학교육자이다. 특히 수학학습에서 수학실험실, 구체적 조작물, 수학적 게임을 강조하였다(Dienes, 1960, 1964, 1970).

딘즈는 수학 교수·학습을 위한 교구를 고안하였으며 수학적 개념 획득의 과정을 밝히기 위하여 피아제의 이론에 기초하여 브루너와 실험적 수학 프로젝트를 수행하였다. 또한 이러한 실제적인 연구를 통하여 수학학습의 네 가지 원리를 제안하였다.

지각적 다양성의 원리(Perceptual Variability Principle)

이 원리는 다양한 구체물을 활용하여 수학 개념을 지도할 때, 지각적으로 서로 다른 다양한 구체물을 제시해야 한다는 것으로 다중구체화의 원리(Multiple Embodiment Principle)라고도 한다. 여기서 지각적으로 다양한 구체물이란 주어진 외형은 다르지만 동일한 개념을 내포하고 있는 것을 말한다. 학생들은 같은 수학적 개념이나 이해를 형성하더라도 몇 가지 서로 다른 구체적 경험을 해야 한다. 같은 수학적 개념을 서로 다른 방식으로 경험함으로써, 학생들은 그러한 다양한 경험으로부터 개념을 이끌어낼 수 있다.

예를 들어, 평행사변형의 개념을 지도할 때, 평행사변형을 종이에 그리게 할 수도 있고 나무로 만든 합동인 삼각형 두 개로 만들게 할 수도 있으며 벽지에 그려진 패턴에서 평행사변형을 찾아보게 할 수도 있다. 딘즈는 어떤 수학 개념이든 가능하다면 산술적, 대수적 형태뿐만 아니라 기하적, 물리적, 사회적 형태로 다양하게 제시해야 한다고 주장하였다.

수학적 다양성의 원리(Mathematical Variability Principle)

이 원리는 수학 개념을 지도할 때 다양한 수학적 변수를 포함하는 활동을 경험하게 해야 한다는 것이다. 즉, 학생들이 특정한 수학 개념을 효과적으로 학습하도록 하기 위해서는 그 수학 개념과 관련된 변수는 고정시키고 그 외의 관련 없는 변수는 다양하게 제시되어야 한다.

학생들은 유사하지만 수학적으로 서로 다른 구체적 경험을 해야 한다. 예를 들어, 자릿값에 대한 구체적 경험은 10진법에만 한정할 필요가 없다. 딘즈의 다진수 블록을 사용하여 서로 다른 진법을 경험할 수 있다. 딘즈는 10진법, 6진법, 5진법, 4진법, 3진법, 2진법의 진법 체계를 구현하기 위하여 다진수 블록(Multibase Arithmetic Blocks, MAB)을 고안하였다. 각각의 진법 체계에는 단위(정육면체 1개), 막대(진법의 수만큼의 길이), 평면 조각(단위의 제곱 크기만큼의 정사각형 조각), 블록(단위의 세제곱 크기만큼의 정육면체)이 있다. 이 다진수 블록은 10진법으로만 제시했을 때보다 수 체계의 여러 가지 특징들(이를테면 합성과 분해, 자릿값, 교환하기)을 잘 보여준다. 즉, 4진법과 10진법을 비교함으로써 두 수 체계의 구조적인 유사성을 확인할 수 있다.

구성의 원리(Constructivity Principle)

구성의 원리는 수학 개념은 구체물에 대한 활동으로부터 추상화되는 것인데, 개념을 인식하기 위해서는 개념에 대한 직관적 구성이 선행되어야 한다는 것이다. 게임을 구조화할 때도 분석보다는 구성이 선행되어야 한다는 것이다. 여기서 구성의 의미는 물체를 만들거나 전체를 파악한다는 뜻이며, 분석이란 물체를 분해하거나 작은 부분을 검토하거나 근거를 마련한다는 뜻이다. 예를 들면, 도형의 학습에서 먼저 도형을 그리는 활동이 선행되어야 하고, 그 다음에 도형의 성질을 분석하거나 성질의 근거를 파악하는 학습이 이루어져야 한다는 것이다. 즉, 학생들은 구체적 활동과 의미 형성 과정을 바탕으로 하여 자신의 개념과 이해를 구성해야 한다. 이것은 6장과 7장에서 논의했던 구성주의의 초기 형태라고 볼 수도 있다.

역동성의 원리(Dynamic Principle)

딘즈는 아동들이 새로운 수학 개념을 형성할 때, 세 단계 — 놀이 단계, 구조화된 게임 단계, 개념 형성 단계 — 의 역동적인 정신 작용을 통하여 형성된다고 보았다. ① 놀이 단계는 아동들에게 구체적 조작물을 제공하되 어떤 구조화된 방법이 아니라 자유롭게 가지고 놀도록 함으로써 구체적 조작물에 익숙하게 한다. ② 구조화된 게임 단계에서는 놀이 단계와 달리 어떤 정해진 조건이나 제약이 가해진다. 이 활동을 하는 동안 아동들은 게임에 어떤 규칙성이 있다는 것을 파악하게 된다. ③ 개념 형성 단계에서는 아동들이 다양한 구조화된 게임을 함으로써 아동들은 게임 속에 내재되어 있는 특정 개념의 수학적 구조를 파악하게 된다.

딘즈의 이론은 정신 표상보다는 과제 표현에 관한 것이다. 그렇지만 딘즈의 접근 방식도 브루너의 생각과 마찬가지로, 아동들이 자기 자신의 정신 표상을 형성하도록 하는 데 도움이 되는 훌륭한 수학학습 경험을 제공할 수 있다.

딘즈는 수(Dienes, 1960a), 대수(Dienes, 1961), 논리, 측정, 비(Dienes, 1966, Seaborne, 1975)를 지도하는 데 도움을 줄 수 있는 매우 훌륭한 수학 교구를 개발하였으며, 어린 아동들을 위한 수학 게임(Holt & Dienes, 1973)을 고안하기도 하였다.

피아제를 포함하여 딘즈, 브루너는 수학학습은 활동적-영상적-기호적 계열로 진행되어야 한다고 주장하였다. 그러나 이 학습 계열에는 중요한 요소가 간과되어 있다. 그것은 바로 언어와 논의의 역할이다. 언어는 이해의 형성과 의미의 표현에 있어서 중요한 역할을 한다. 언어는 학습 과정에서 필수적인 도구로 인식되고 있고 개념과 이해의 형성에서 핵심적인 역할을 하는 것으로 고려되고 있다. 이러한 점에서 최근 언어의 역할에 대한 비고츠키(Vygotsky, 1978)의 이론이 주목을 받고 있다. 또한 학습을 포함하여 모든 인간 활동의 목표 지향적 특성과 맥락에 관한 비고츠키 이론의 영향력이 커지고 있다. 학습에 관한 비고츠키의 이론은 학습의 사회적 맥락과 밀접한 관련이 있기 때문에, 그 다음 절에서 자세하게 논의할 될 것이다.

앞에서는 심적 표상(mental representation)의 관점에서, 브루너의 세 가지 표상 양식 — 활동적, 영상적, 기호적 — 에 대해서 살펴보았다. 골딘(Goldin, 1987, 1992)은 수학적 문제해결에 사용되는 심적 표상을 다음과 같이 다섯 개의 체계로 제시하였다.

- 감각적 체계(공간, 청각, 촉각을 포함하여)
- 언어적 체계
- 형식적 기호 표현 체계
- 메타인지 체계(계획, 모니터링과 조정)
- 정의적 체계(정서, 태도, 신념, 가치)

수학적 사고를 하는 데 이 다섯 가지의 심적 표상이 모두 필요한 것은 아니지만, 문제를 효율적으로 해결하기 위해서는 이것들이 서로 밀접하게 연결될 필요가 있다. 서로 연결된 이 다섯 가지 심적 표상들은 수학 교수·학습의 정의적 측면과 수학적 문제해결을 다룬 장들에서 논의되었던 여러 가지 요소들과 이 장에서 논의하고 있는 심적 표상을 결합해 놓은 것으로 볼 수 있다. 결국 골딘이 제시한 다섯 가지 심적 표상은 사실상 수학교육과 관련하여 이 책에서 논의된 모든 요소들을 포함하고 있다.

영국의 연구 프로젝트 'Children's Mathematical Frameworks'에서 하트(Hart, 1989), 존슨(Johnson, 1989)은 아동들이 실제 활동과 그 활동으로부터 개발되기를 기대하는 형식적 수학을 연결하지 못하는 것을 밝혔다. 이것이 의미하는 바는, 아동들이 구체적이고 실제적인 경험을 했음에도 형식적 수학 — 예를 들면, 뺄셈의 분해 알고리즘, 직육면체의 부피 구하는 공식, 분수를 약분하는 절차 — 은 아동들에게 무의한 것이 되고 말았다는 것이다. 문제는 아동들이 구체적이고 실제적인 경험과 형식적인 수학을 개념적으로 연결하지 못하고 있다는 점이다. 이것은 학습의 전이와 관련된 중요한 문제점 중 하나이다.

전이의 문제는 다음과 같다. 한 맥락 또는 상황에서 학습한 것이 다른 맥락이나 상황으로 전이될 수 있는가? 오래전인 1912년에 손다이크는 전통적인 유클리드 기하학을 학습하더라도 추론 기능 — 논리적 사고 또는 문제해결능력 — 으로 전이되지 않았다고 지적하였다(Kilpatrick, 1992).

학습의 전이는 7장에서 다룬 문제해결에서 핵심적인 역할을 한다. 학습한 일반적인 문제해결 전략을 새로운 문제 상황에 적용할 수 있다면, 그것이 바로 학습의 전이가 일어난 것이다. 학습의 전이가 일어나지 않는다면 문제해결 기능의 개발은 기대할 수 없을 것이다. 그러나 다음 장에서 자세하게 기술하겠지만 전이의 문제는 그리 간단한 것이 아니다.

퍼킨스와 살로몬(Perkins & Salomon, 1989)은 전이와 관련된 문헌들을 고찰한 후 다음과 같이 결론을 내렸다.

> **전이는 저절로 일어나지 않는다. 전이가 일어나기 위해서는 매우 구체적이어야 하고 단서가 주어져야 하고 잘 안내되어야 한다. …… 일반적인 추론 원리는 충분한 연습과 더불어 여러 다양한 상황에 적용하는 학습을 통하여 전이될 수 있다(Fey, 1996: 20).**

학습의 전이에 대한 연구에 따르면, 특별한 지식과 암묵적 지식은 전이가 잘 이루지지 않는 반면에, 일반적이고 명시적 지식은 전이가 일어나기 쉽다(Kilpatrick, 1992).

수학 학습의 사회적 맥락

일화

15살인 앤(Ann)은 100−84와 같이 세로셈으로 된 두 자리 또는 세 자리 수의 뺄셈을 잘 못한다. 그러나 앤은 거스름돈을 계산하기 위하여 100원에서 84원을 빼는 방법은 아주 잘 안다.

왜 그럴까? 이 두 가지는 같은 수학인가 아니면 다른 수학인가? 한 가지는 학교에서 하는 것이고, 다른 한 가지는 '길거리 수학'이다. 아니면 계산 방법이 서로 다른가(즉, 형식적인 지필 알고리즘과 비형식적인 머리셈)?

학생들이 무엇을 학습하는 것뿐만 아니라, 어디에서 학습하는지도 중요하다고 주장하는 연구들이 늘어나고 있다. 다시 말해서, 학습 내용이 중요할 뿐만 아니라 학습이 일어나는 사회적 맥락도 중요하다는 것이다. 하나의 사회적 맥락에서 학습된 것이 다른 사회적 맥락으로 적용되거나 전이될 수 있는가?

몇몇 연구자들은 브라질에서의 길거리 수학과 학교 수학(즉, 길거리의 경제적 활동과 교실의 수학학습 활동) 사이의 관련성을 탐구하였다. 〈표 9.2〉는 아동들과의 면담 사례이다.

〈표 9.2〉 캐러허(Carraher, 1988)의 면담 사례

캐러허와 동료들은 브라질의 길거리에서 물건파는 아동들을 면담하였다.
물건 사는 사람/면담자: 코코넛 한 개에 얼마니? **물건 파는 사람/아동**: 35. **물건 사는 사람/면담자**: 코코넛 3개 줄래? 얼마지? **물건 파는 사람/아동**: 105. **물건 사는 사람/면담자**: 10개를 사고 싶은데. 얼마지? **물건 파는 사람/아동**: (잠시 멈추고) 3개 105니까 3개 더 하면 210이 되고. (잠시 멈추고) 4개가 더 있어야 하니까 315 …… (잠시 생각하고). 그러면 350이에요. **물건 사는 사람/면담자**: 500짜리 지폐를 주면, 거스름돈을 얼마를 받아야 하지? **물건 파는 사람/아동**: 150이요. 이러한 유형의 상호작용에 참여했을 때, 아동들은 상당히 정확하게 계산하였다. 즉, 길거리에서 제시된 63개의 문제 중에서 98%를 정확하게 계산하였다. 그러고 나서 우리는 아동들에게 교실에서도 문제를 잘 푸는지를 알아보려고 한다고 말하였다. 아동들은 주저하지 않고 동의하였다. 한 주 뒤에서 길거리 문제와 같은 수들을 사용한 문제들을 아동들에게 제시하였다. 달라진 것은 길거리 상황이 학교 상황으로 바뀐 것뿐이었다. 학교 상황 문제는 두 가지 유형으로 제시되었다. 하나는 문장제이고 다른 하나는 계산 문제였다. 그 결과, 문장제에서는 정답률이 73%였으나 계산 문제에서는 37%였다. 주목할 점은 일상적 상황에서의 성취도와 계산 문제에서의 성취도 사이에 차이가 있다는 것이다. 이러한 결과로 두 가지 사항이 확인되었다. 첫째, 길거리 수학과 학교 수학은 서로 같지 않다. 둘째, 우리는 일상적 경험을 통해서 길거리 수학의 존재를 알고 있는데도, 브라질 학교는 길거리 수학의

존재를 인정하지 않는다. 이 사례는 학교 수학의 이데올로기와도 관련되어 있다. 즉, 학교가 규정해놓은 방법을 따르지 않는 해결방법을 무시하거나 수학적이지 못한 것으로 배척한다는 것이다(Carraher, 1988: 3-4).

또한 캐러허와 동료들은 문제 제시 형태가 사회적 맥락보다 더 중요하게 작용하는지를 알아보기로 하였다. 그래서 그들은 같은 대상의 아동들에게 같은 산술 문제를 구두 형태와 지필 형태로 제시하였다. 〈표 9.3〉은 연산 및 문제 제시 형태에 따른 정답률을 나타낸 것이다.

〈표 9.3〉 연산 및 문제 제시 형태에 따른 정답률

연산	형태	
	구두 형태	지필 형태
덧셈	75	68
뺄셈	62	17
곱셈	80	43
나눗셈	50	4

연구 결과, 덧셈 문제에서는 두 형태 사이에는 큰 차이가 없었지만, 뺄셈, 곱셈, 나눗셈의 경우에는 지필 형태보다는 구두 형태로 제시했을 때 정답률이 높게 나타났다.

어떤 결론을 내릴 수 있는가? 내 생각으로는 지필 계산은 구두 계산이나 머리셈과는 다르며 훨씬 더 어렵다. 길거리 수학과 학교 수학의 차이점 중 일부는 과제 표현 양식 및 그와 관련된 계산 방법의 차이에 기인한다. 이것은 과제의 맥락을 과제 표현의 관점에서 본 것이다. 그렇지만 과제의 사회적 맥락이 학생들에게 아무런 영향을 주지 않는다는 것을 의미하지는 않는다.

아동들은 자신에게 가장 효과적인 방식으로 과제를 수행하도록 허용해야 한다고 주장할 수 있겠지만, 이와 더불어 우리는 학생들이 지필 계산을 완수할 필요가 있다는 점을 기억해야 한다. 그 이유는 적어도 지필 평가가 학생들의 수학적 지식을 입증하는 데 사용되기 때문이다.

수학교육에서 사회적 맥락에 대한 논의로 돌아가기 전에, 두 가지 유형의 수학적 표현과 사고에 대해서 좀 더 살펴보려고 한다. 플렁킷(Plunkett, 1979)은 형식적인 지필 알고리즘과 비형식적인 머리셈 방법의 차이점을 <표 9.4>와 같이 비교하여 제시하였다.

〈표 9.4〉 지필 알고리즘과 머리셈 방법에 대한 플렁킷의 비교

표준 지필 알고리즘	머리셈 방법
기록됨	기록되지 않고 사라짐
표준화됨	가변적임
축약화됨	융통적
효율적	이해되어야 함
자동화	구성적
기호적	영상적
일반적	제한적임
분석적	포괄적
내면화되기 어려움	처음부터 정답에 가까운 값을 구함
인지적으로 수동적임	능동적임

위에서 주장한 바와 같이, 학생들은 두 가지 유형을 모두 완수해야 한다. 수학 전문가들도 머릿속에서 이루어지는 수학적 기능은 수학적 능력에서 필수적이라고 주장한다. 이러한 주장은 영국의 〈국가 산술능력 전략(National Numeracy Strategy)〉에서도 다시 강조되고 있다.

비고츠키의 사회적 학습 이론

학습의 사회적 맥락으로 돌아가보자. 학습에 대한 가장 중요한 사회적 이론은 러시아 심리학자 비고츠키의 이론이다. 비고츠키는 1896부터 1934년까지 살았지만, 그의 연구가 서방으로 번역되기 시작한 것은 1960년부터였으며 수학교육연구에서 주

목을 받기 시작한 것은 1990년대에 이르러서였다(Vygotsky, 1978, 1979, 1986).

비고츠키는 사고가 다른 사람들과의 논의와 의사소통 과정에서 획득되는 언어에 의존한다고 주장하였다. 따라서 논의와 의사소통 과정에서 사용되는 언어는 교수-학습을 위한 자연스러운 매개체이다. 그러나 언어는 항상 우리가 목표를 달성하기 위하여 활동하는 맥락과 상황의 일부분이다. 다시 말해서 활동이 포함된 사회적 맥락과 상황이 일차적이다. 이 활동에 대한 우리의 반응은 이차적이다.

이것이 의미하는 바는 학습을 위한 자극은 개인의 외부로부터 들어온다는 것이다. 개인의 의미 구성을 일차적인 것으로 보았던 구성주의자들과 달리, 비고츠키 이론에서는 그것을 이차적인 것으로 본다.

학습의 사회적 측면을 강조하면서 비고츠키는 학습자의 발달 수준을 현재 완성된 발달 수준인 '실제 발달 수준(actual developmental level)'과 '잠재적 발달 수준(potential developmental level)'을 구분하였다(Vygotsky, 1978: 84-87). 실제 발달 수준에서 학습자는 주변의 도움 없이 혼자서 문제를 해결할 수 있다. 그리고 교사의 안내와 지도, 또는 더 능력 있는 또래와의 협력을 통하여 문제를 해결함으로써 잠재적 발달 수준으로 나아간다. 이 두 수준 사이에는 간격이 존재하는데 이것이 바로 '근접발달영역(Zone of Proximal Development, ZPD)'이다([그림 9.2]).

근접발달영역

현재의 능력	도움을 통하여 할 수 있는 능력	현재는 할 수 없는 능력
타인의 도움 없이도 할 수 있는 것	더 능력 있는 타인 (교사, 부모, 또래)의 도움을 통하여 할 수 있는 것	타인의 도움이 있어도 아직까지는 할 수 없는 것

[그림 9.2] 비고츠키의 근접발달영역

비고츠키의 학습 이론에 따르면, 학습자의 능력은 교사, 부모, 또래의 도움이나 협력을 통하여, 또는 '비계(scaffolding)'를 제공함으로써 완성된다. 학습자의 능력이 이러한 도움이 없이 획득되고 완성되었다면 그것은 내면화된 것이다. 즉, 그것은 학습자 자신의 지식과 기능으로 완성된 것이다.

비고츠키의 근접발달영역을 이해하기 위하여, 학생들이 대수 방정식과 같이 간단한 정형 문제를 처음에 어떻게 푸는지를 예를 들어 살펴보자. 학생들은 먼저 교사나 더 능력 있는 다른 사람의 행동을 따라 한다. 이처럼 더 능력 있는 사람을 따라 함으로써 도움을 받는 것이다.

비고츠키는 또한 "사회적이든 개인적이든 간에 인간의 행동은 도구와 기호로 매개된다."(Wertsch, 1991: 19)라고 주장하였다. 그는 학생들이 처음에 개발하는 자연발생적이고 직관적인 개념과 언어를 통하여 획득되는 높은 수준의 과학적 개념을 구분하였다. 전자는 직감적, 본능적 개념으로 학습자가 다른 사람의 도움 없이 일상생활과 구체적 현상에 대한 경험 등을 통해서 발달시킨 개념이다. 후자는 사회적으로 인정되고 통용되는 좀 더 잘 정립된 개념으로 어른의 영향을 받아 발달하는 개념이다. 후자의 과학적 개념은 초기의 개념과는 질적으로 다른 사고를 이끈다. 비고츠키에 따르면, 인간은 자신의 목적을 달성하기 위하여 실생활에서 물리적 도구를 사용했던 것과 유사하게 심리적 도구를 고안해낸다.

> **심리적 도구는 인공적인 산물이다. 그것은 유기체적이나 개인적인 것이 아니라 본질적으로 사회적인 것이다. 그것은 자기 자신 또는 타인의 행동을 통제하기 위한 것이다. 이것은 마치 인간이 자연을 통제하기 위하여 기계적 도구를 사용하는 것과 유사하다. 심리적 도구의 예로는 다음과 같은 것들이 포함된다. 즉, 언어, 기억술, 대수적 기호 체계, 예술 작품, 글쓰기, 도표, 지도, 기계 도면, 모든 종류의 관습적 기호 등이다 (Vygotsky, 1979: 137).**

비고츠키는 수학적 능력과 지식의 획득이라는 측면에서 볼 때, 사회적으로 획득되고 완성되어야 할 도구로서 수학적 기호 체계의 기능을 분명히 인정한다. 따라서 수학학습에서 가장 핵심적인 단계는 언어 형식(문자나 그림으로 표현된)과 기호 체계를 이해하는 것이다. 왜냐하면 집단적인 수학적 지식은 언어 형식과 추상적인 기호 체계를 통하여 기록되고 전달되기 때문이다. 학습자가 이러한 기호 체계를 점차 획득하고 완성하기까지에는 수년이 걸린다.

지금까지의 논의에서 학습에 대한 비고츠키 이론의 의의는 이것이다. 즉, 비고츠키는 학습 내용과 그것이 학습되는 사회적 맥락을 연결시켰다는 점이다. 사회적 맥락에는 타인과의 관계, 기대감, 정서, 역할 등이 포함된다.

일부 사회심리학자들은 서로 다른 사회적 맥락은 처해 있는 맥락에 따라 서로 다른 기능, 능력, 지식을 발생시킨다고 주장한다. 이러한 주장은 앞에서 소개한 일화를 다시 생각해보게 한다. 앤(Ann)은 두 자리 수의 뺄셈을 잘하지 못했지만, 물건값과 거스름돈을 정확하게 계산하였다. 앤의 모습은 학교에서는 성취도가 낮은 아동이었지만, 길거리에서는 기능적으로 이미 성장한 것처럼 행동하는 조숙한 아동이었다. 두 상황에서의 서로 다른 역할, 기대감, 정서로 인하여 서로 다른 개인 즉, 하나는 능력 있는 아동, 다른 하나는 무능력한 아동이 만들어진 것인가?

상황인지론

사회적 맥락과 학습의 전이에 관한 문제는 '상황인지론(situated cognition)'의 관점에서 살펴볼 필요가 있다. 상황인지론은 브라운 등(Brown et al., 1989), 차이클린과 레이브(Chaiklin & Lave, 1993), 로고프와 레이브(Rogoff & Lave, 1984) 등과 같은 연구자들에 의하여 발전되어왔다. 이 연구자들은 학습은 사회적 맥락이나 상황과 관련 있다고 주장한다. 장기기억에 저장된 지식과 기능을 자극하는 것 즉, 인출하는 데 중요한 역할을 하는 것은 사회적 맥락 또는 사회적 틀이라는 것이다. "학습과 인지는 …… 본질적으로 상황화되어 있다(Brown et al., 1989)". 결과적으로 서로 다른 상황에서 구성된 수학적 지식들 사이가 연결되지 않거나 또는 서로 분리되어서 학습된 것을 연결하는 어떤 활동이 이루어지지 않는다면 전이는 일어나지 않을 것이다(Lave, 1988; Lave & Wenger, 1991).

따라서 수학적 지식은 사회적으로 공유된 활동, 즉 획득되고 적용되는 맥락과 관련이 있기 때문에 그 맥락으로부터 쉽게 분리되지 않으며 전이되기도 쉽지 않다. 특히 수학적 지식은 특정한 사회적 상황과 관련되어 있으며 그것이 처음에 획득된 상황에 영향을 받는다.

이러한 주장에 대한 증거는 각 교과목에서 학습된 나눗셈에서 찾을 수 있다. 즉, 학생들이 같은 교육기관에서 나눗셈을 학습했더라도 그들은 수학, 과학, 기술 과목에서 학습한 것(같은 수학적 지식과 기능이 포함되어 있음에도)을 연결하지 못한다.

이론적 관점이 같지는 않지만, 하트(Hart, 1989), 존슨(Johnson, 1989)은 영국의 연구 프로젝트 'Children's Mathematical Frameworks'에서 아동들은 실제 활동과 그 활동으로부터 개발되기를 기대되는 형식적 수학을 연결하지 못하는 것으로 나타났다. 이것이 의미하는 바는, 아동들이 구체적이고 실제적인 경험을 했음에도 형식적 수학 — 예를 들면, 뺄셈의 분해 알고리즘, 직육면체의 부피 구하는 공식, 분수를 약분하는 절차 — 이 아동들에게 무의한 것이 되고 말았다는 것이다. 문제는 아동들이 구체적이고 실제적인 경험과 형식적인 수학을 개념적으로 연결하지 못하고 있다는 점이다. 이것은 학습의 전이와 관련된 중요한 문제점 중 하나이다.

수학 활동의 상황화에 대한 또 다른 연구는 색스(Saxe, 1991)에 의하여 진행되었다. 그의 주된 관심은 학교 밖에서 이루어지는 수학 활동에 관한 것이었다. 특히 브라질의 길거리에서 사탕을 파는 아동들의 수학 활동의 목표에 관심을 가졌다. 아동들의 수학 활동의 목표는 다음과 같은 네 가지 요소에 의하여 변화하거나 새롭게 발생한다. 또한 수학 교수·학습에 있어서 매우 중요한 의미를 갖는다.

1. 다른 사람들과의 사회적 상호작용
2. 관습, 화폐 단위, 수 표현 체계
3. 기호 표현을 알기 이전과 이후의 이해
4. 참여하고 있는 활동의 구조

굿차일드(Goodchild, 1994, 1997)는 SMP 11-16 교재를 사용해서 공부하는 학습자들의 수학 활동의 목표를 분석하였으며, 그것을 교사의 목표와 비교하였다. 연구 결과에 의하면, 학습자는 종종 의도된 수학학습의 목표와 별로 상관없이 수학을 그냥 '행하는(doing)' 것으로 나타났다.

Chapter 10

수학적 지식과 상황

이 장에서는 상황인지론, 학습의 사회적 맥락에 바탕을 둔 인식론적 관점에 대해서 살펴보려고 한다. 여기서 제시하는 분석과 설명은 완전하지 않고 잠정적이기 때문에, 정선해야 하고 더 연구할 필요가 있다. 특히 지식과 기능이 한 상황에서 다른 상황으로 전이되는 것을 여러 관점에서 살펴볼 것이다.

지난 반세기 동안 명시적 지식과 암묵적 지식을 구분하려는 노력이 있었다(Ryle, 1949; Polanyi, 1958; Wittgenstein, 1953). 명시적 지식에는 피타고라스의 정리와 같이 타당한 근거를 갖고 있는 명제가 포함된다. 증명, 수학 문제, 정의에 관한 지식도 역시 명시적 지식이지만, 수학에 관한 개인적 지식은 대부분 암묵적이다. 암묵적인 수학적 지식에는 문제 상황에 따라 서로 다르게 적용되는 해결방법, 접근방법, 기호적 연산, 전략, 절차 등이 포함된다. 예를 들어, 세로 덧셈 연산, 귀납적 증명, 하나의 변수를 고정시켜 놓은 다음 규칙을 조사하는 문제해결 전략은 암묵적인 절차나 방법이라고 볼 수 있다. 문제해결 절차와 전략의 적용 자체는 명시적인 반면에, 그것들을 포괄하고 있는 일반적인 전략은 명시적이지 않다.

그러나 적용의 개념은 지식과 상황 사이의 관련성에 관한 것으로 매우 어려운 문제이다. 따라서 중요한 질문은 암묵적 지식이 새로운 상황에 어느 정도까지 적용될 수 있으며, 새로운 상황에 적용한다는 것은 무엇을 의미하는가이다. 수학적 절차와 전략은 어디까지 적용될 수 있는가? 그리고 어떤 경우에 새로운 상황에 적용되는가? 좀 더 일반적으로 말하자면, 두 상황이 서로 달라지는(즉, 한 상황이 다른 상황에 비해 상대적으로 새로움) 기준은 무엇인가? 또는 두 상황을 같게 만드는(즉, 두 상황을 수학적으로 같은 상황으로 인식) 기준은 무엇인가?

먼저 명시적 지식과 암묵적 지식을 구분하려고 한다. 전통적으로 철학과 인식론에서는 주로 명시적 지식에 초점을 맞추었으며, 그 지식의 정당성에 대해서 논의해왔다. 명시적 지식에 대한 논의에 많은 부분을 할애해야겠지만, 암묵적 지식에 대해서도 논의가 있어야 할 것으로 생각된다. 명시적 지식과 암묵적 지식을 구분했던 연구들은 이전에도 많이 있었다. 명시적 지식은 명제적 지식으로서 실제적 지식, 기능, 성향과 구분된다. 예를 들어, 라일(Ryle, 1949)은 '무엇에 대해 아는 것(knowing that)'과 '어떻게 하는지를 아는 것(knowing how)', 폴라니(Polany, 1958)와 쿤(Kuhn, 1970)은 명시적 지식과 암묵적 지식(또는 개인적 지식)으로 구분하였다. 또한 비트겐슈타인(Wittgenstein, 1953)은 명시적으로 언급된 지식과 '언어 게임(language games)'

및 '삶의 형식(forms of life)'에 암묵적으로 존재하는 지식을 구분하였다. 수학교육 분야에서도 이러한 구분이 있다. 스켐프(Skemp, 1976)와 멜린 올슨(Mellin-Olsen, 1981)은 관계적 이해와 도구적 이해를 구분하였으며, 히버트 등(Hiebert el al., 1988)은 개념적 지식과 도구적 지식을 구분하였다. 위에 제시한 지식에 관한 이분법에서 첫 번째 것은 명시적 지식에, 두 번째 것은 암묵적 지식 또는 '방법에 대한 지식'에 해당한다고 볼 수 있다.

어떻게 하면 수학적 지식을 더 깊이 있게 이해할 수 있을까? 필립 키처(Philip Kitcher, 1984)는 과학적 지식에 대한 쿤(Kahn, 1970)의 연구를 바탕으로 수학적 지식 모델을 제시하였다. 키처는 그것을 수학적 실행 모델이라고 불렀지만, 사회적 관점에서 말하는 수학적 실행과는 다른 것이다. 〈표 10.1〉은 수학적 지식 모델을 제시한 것으로서, 키처가 제시한 5가지 요소에 중요하다고 생각되는 2가지 요소를 더 추가하였다(Ernest, 1997). 이것은 키처가 처음에 제시한 모델에서 벗어난 것이지만, 그가 자신의 수학적 지식 모델이 완벽하다고 주장하지 않았기 때문에 2가지 요소를 추가하는 것은 타당하다고 생각한다.

〈표 10.1〉 Kitcher(1984)를 바탕으로 한 수학적 지식 모델

수학적 지식 요소	명시적 또는 암묵적
인정된 명제와 주장	주로 명시적
인정된 추론과 증명	주로 명시적
문제와 질문	주로 명시적
언어와 기호	주로 암묵적
메타 수학적 관점: 증명과 정의	주로 암묵적
방법, 절차, 기법, 전략	주로 암묵적
심미적 가치	주로 암묵적

키처가 제시한 첫 번째 수학적 지식은 명제와 주장으로 주로 명시적 지식이다. 두 번째 수학적 지식은 추론과 증명이다. 일반적으로 증명은 엄격하게 수학적 정당성을 부여하는 것이기 때문에 완전히 명시적이다. 추론은 직관에 의해 단번에 대상을 파악하는 것이 아니라 판단, 추리 등을 통해서 대상을 파악하는 논변적 사고라는 점에서

명시적이라고 볼 수 있다. 세 번째 요소인 문제와 질문은 수학자들 사이에서 반복적으로 논의되는 대상이기 때문에 명시적이다. 이것들 이외에 키처는 두 가지 요소를 더 포함시켰다. 키처가 제시한 네 번째 요소는 언어와 기호로 이것은 암묵적 지식이다. 수학적 언어와 기호에 관한 지식 중 일부는 명시적일 수 있지만, 그 지식을 사용하는 것은 대부분 암묵적이다. 다섯 번째 요소는 메타 수학적 관점인데 증명 및 정의에 관한 것과 수학적 구조에 관한 것으로 주로 암묵적인 수학적 지식에 해당한다. 그 이유는 수학자들이 증명 및 정의, 수학적 구조에 대한 관점을 형성할 때, 명시적인 교육을 통하여 형성하기보다는 경험을 통하여 우연히 형성하기 때문이다.

키처가 제시한 것 이외에 두 가지 요소를 더 추가하였는데, 이것은 수학교육에 관한 논의에 있어서 꼭 필요한 것들이다. 먼저 방법, 절차, 기법, 전략은 학교 수학 상황뿐만 아니라 수학의 적용 상황에서도 중요하다. 수학적 방법, 절차, 기법, 전략은 대부분 암묵적 지식이다. 추가된 마지막 요소는 심미적 가치에 관한 것이다. 이것은 수학에 대한 생각이나 성향으로서 다른 요소들과 분리해서 논의할 필요가 있다. 하디(Hardy)와 같은 수학자들이 수학의 심미적 가치 또는 아름다움에 대해서 명시적으로 진술하기도 하지만, 수학의 심미적 가치에 관한 사람들의 진술이나 느낌은 대체로 암묵적이며 개인의 신념이나 가치관과 연결되어 있다.

〈표 10.1〉에 제시한 수학적 지식 모델은 주로 명시적 지식에 초점을 두었던 전통적인 관점을 확장시킨 것이다. 즉, 암묵적 지식들을 추가로 제시함으로써 수학자들이 하는 일과 학생들이 수학을 배우는 과정을 좀 더 확실하게 설명할 수 있다. 이제 수학적 지식은 문제, 상황, 계산, 논증, 증명, 적용 등과 같이 구체적인 사례와 실례를 통해서 형성되는 구체적이고 암묵적인 것들도 포함된다. 이런 종류의 수학적 지식은 수학에 대한 경험을 통해서 형성되며, 앎(knowing)과 같은 명시적 지식이라기보다는 방식에 대한 앎(knowing-how)과 같이 암묵적 지식이다. 숀펠드(Schoenfeld, 1985)는 수학적 문제해결은 암묵적 지식이거나 구체적 사례나 과거의 문제해결 방법에 바탕을 구체적인 지식이라고 이미 주장한 바 있다. 따라서 구체적 사례나 실례를 바탕으로 한 수학적 지식은 수학 및 수학 학습에서 필수적이며, 이것들은 대부분 사례, 경험에 관한 지식으로서 암묵적이다. 암묵적이며 특정한 사례를 강조하는 관점은 추상적이고 일반적인 지식을 강조하는 관점과는 상반된 것이다.

같은 맥락에서 교육연구방법론의 과학적 접근과 해석적 접근의 상대적 가치와 상호 보완적 관계를 언급할 필요가 있다. 해석적 접근 방법의 특징 중 하나는 구체적인 사례와 개인적 지식에 초점을 두고 있는 것이다. 따라서 위에서 언급한 바와 같이, 교육연구에서 해석적 방법의 중요성이 강조되고 있는 측면에서 수학에서 암묵적 지식과 특정한 사례와 관련된 지식의 가치 또한 커지고 있다. 그렇다고 해서 과학적 접근 방식을 폄하하거나 일반화의 가치를 과소평가하는 것은 아니다. 단지 암묵적 지식과 개인적 지식의 가치를 언급하고, 교육연구에 있어서 사례 연구의 중요성을 강조하고자 하는 것이다. 또한 암묵적 지식을 강조함으로써 과학적 연구 방법에서 강조되고 있는 명시적 지식과 일반적 지식의 한계를 보완할 수 있을 것이다.

지식의 사회적 맥락과 전이

지식은 사회적 맥락 속에서 학습된다. 즉, 지식의 획득은 사회적이다. 사회적 맥락의 개념을 넓게 해석한다면, 이 주장에 대해서는 논란의 여지가 크지 않을 것으로 생각된다(Ernest, 1998a). 부르바키(Bourbaki)의 《수학원론(Elements)》을 읽고 독학으로 대학 수학을 공부했던 수학자를 알고 있다. 그렇지만 이처럼 독학으로 학습한 것조차도 사회적이라고 생각한다. 왜냐하면 이 수학자는 사회적 배경을 가진 언어와 지식을 습득하고 익혔으며 그것을 바탕으로 혼자서 학습했기 때문이다. 즉, 다른 사람들과 사회적으로 의사소통을 하였고 그런 다음 혼자서 연습했던 것이다.

지식의 사회적 맥락과 관련된 이슈는 지금까지의 인식론에서는 매우 생소한 관점이다. 지식을 확실한 진리라고 보는 관점에서는 지식을 사회적 맥락이나 상황과 독립적인 것으로 인식하고 그래야만 한다고 주장한다. 어떤 사람이 무엇인가를 알게 된 상황이나 맥락은 꼭 필요한 지식의 조건이 아니다. 즉, 지식에 정당성을 부여하는 것은 논리에 의한 것이지, 지식이 발생한 사회적 맥락 또는 개인적 맥락의 문제가 아니다(Popper, 1959). 경험적 일반화를 통하여 생성된 과학적 지식이라도 사례의 수가 유한하기 때문에 완전한 일반화라고 볼 수는 없다. 즉, 이러한 지식은 모든 사례에 대하여 검증할 수 없기 때문에 완벽한 지식이라고 볼 수 없다.

지식을 개념화하는 방식으로 과학적 지식에 초점을 두고 있는 관점은 지금까지 지배적인 방식이었다. 이 관점은 데카르트주의에 바탕을 두고 있다. 지식은 개연적이고 감각 경험에 바탕을 두고 있다는 아리스토텔레스적인 견해와 달리, 데카르트주의는 합리적이고 이성을 통하여 지식을 이끌어낸다고 주장한다. 또한 정신과 지식은 신체와 감각적인 세계와 분리되어 있다고 주장한다. 즉, 세계가 정신과 물질이라는 두 개로 이루어져 있다는 형이상학적 이원론을 주장했다. 그러나 논리적 실증주의와 논리적 경험주의가 데카르트의 이원론을 반대하면서도, 선험적인 것(연역적 논리와 추론)과 후천적인 것(경험적, 일상적, 임시적인 사실)을 존재적으로 구분함으로써 또다시 데카르트의 이원론을 지지하고 있다. 분명히 이러한 관점은 지식과 사회적 맥락 사이의 관계를 어떻게 개념화할 것인지 그리고 지식의 전이를 어떻게 보아야 할 것인지에 대해서 시사점을 제시하고 있다. 특히 이러한 이원론적 관점에서는 지식과 사회적 맥락 사이의 관계를 매우 약하게 보고 있으며, 그렇기 때문에 지식의 전이는 상대적으로 단순한 것으로 보고 있다.

앞에서 간략히 살펴보았듯이, 지식의 전이에 대해서는 서로 다른 관점들이 있다. 지식은 전이 가능하다고 하는 관점과 지식은 상황화되어 있다는 견해를 비교하고자 한다. 두 관점을 비교하면서 나는 획일적인 이분법에는 반대한다. 대신에 여러 가지 다양한 견해들이 가능하다는 점을 인정하면서, 양쪽 진영을 극단적으로 구분 짓기보다는 연속선상에서 최대한 단순한 형태로 비교하고자 한다. 지식이 전이 가능하다고 하는 관점에서는 지식을 전달 가능한 것으로 본다. 즉, 지식은 교사, 잘 아는 사람 등을 통해서 쉽게 전달되며, 그렇기 때문에 새로운 상황으로 쉽게 전이될 수 있다. 앞에서 언급했듯이 이러한 관점은 꽤 널리 인정되고 있으며 전통적인 인식론적·존재론적 가정에 기반을 두고 있고, 정부 관료나 정책 입안자들의 정책에도 반영되어 있다. 예를 들어, 고등 교육에서 전이 가능한 기능을 상세화하려는 최근의 경향에는 서로 다른 상황들 사이에서의 전이가 가능하다는 관점에 기초하고 있다. 이러한 관점은 지식은 상황화되어 있다는 관점, 즉 지식은 그것이 획득되는 상황이나 맥락과 관련되어 있다고 하는 관점과 대비된다.

지식이 쉽게 전이될 수 있다는 생각에 바탕을 두고 있는 전통적인 인식론적·존재론적 관점은 인지적 주체로서의 개인이 지식과는 별개로 존재한다는 주장과 연결되어 있다. 이 책의 다른 여러 논문들에서는 주관적 지식과 주체-객체 관계에 대해서 언급하였으며, 이 주체-객체 관계는 서로 분리되어 있다는 전제를 제시하였다. 다시 말해서 앎의 주체(knower)는 객체인 지식과는 분리되어 있으며, 지식을 획득하거나 전달할 때 그 지식과는 독립적으로 존재한다는 것이다. 실제로 이러한 관점에서는 주체-객체 관계가 분리되었으며, 앎의 주체와 지식 사이의 관계는 배우 쉽게 변하며 영속성이지 않다는 가정을 하고 있다. 반면에 지식을 상황화된 것으로 보는 관점에서는 지식은 사회적 맥락과 불가분의 관계가 있으며, 결국 앎의 주체와 지식은 서로 관련이 있으며 처해 있는 맥락과 독립적이지 않다고 주장한다.

지식의 전이 가능성에 관한 이상의 관점을 좀 더 알아보기 위하여, 지식과 사회적 맥락 사이의 관계, 앎의 주체인 개인의 측면에서 다음과 같은 여섯 가지 관점을 살펴보고자 한다.

첫째, 지식은 보편타당하게 적용가능하다. 이 주장은 지식이 추상적이며 맥락이나 상황과 관련이 없고, 일반적으로 명시적인 명제나 법칙의 형태로 제시된다는 가정에 바탕을 두고 있다. 결국 구조적이고 일반적인 지식을 구체적 상황과 관련시킴으로써 일반 지식은 구체적 상황에 적용될 수 있다. 이것은 마치 여러 개의 대응값들로부터 특정한 함수식을 이끌어내는 과정과 유사하다. 이러한 방식으로 지식은 과학 이론과 마찬가지로 새로운 상황으로 완벽하게 적용 가능하다. 더욱이 이러한 관점에 따르면, 앎의 주체는 지식과 그것이 적용되는 맥락으로부터 완전히 분리된 존재이다. 이 관점은 위에서 언급한 데카르트 이원론에 기초한 논리적 경험주의에 해당한다. 논리적 경험주의에서는 추상적 지식의 논리적 영역과 일상적이고 주관적인 구체적 영역을 구분한다(Popper, 1979). 이 관점에서는 맥락이나 상황들 사이의 차이점을 인정하지 않는다. 왜냐하면 맥락은 오직 지식을 검증하고 때로는 왜곡하는 데 사용될 수 있을 뿐, 새로운 지식을 생성할 수 없다. 따라서 이 관점에서 보면 상황화된 지식이라는 개념은 얼토당토아니한 것이다.

이 관점이 자기모순이 없고 일관성 있는 관점이지만, 〈표 10.1〉에 제시한 수학적 지식들을 모두 수용하지는 못한다. 특히 지식은 보편타당하게 적용 가능하기 때문에, 지식이 전이 가능하다거나 전달 가능하다고 말하는 것 자체가 의미가 없다. 왜냐하면 지식이 어디로부터 전이되고 전달되는 출발점이 존재하지 않으며, 지식이 물리적 또는 사회적 공간에 존재하는 것이 아니라 논리적 공간에 존재하기 때문이다. 이러한 관점은 지식과 학습에 관한 전통적인 인식론에 바탕으로 두고 있다. 지식은 정당화되었기 때문에 지식이며, 학습은 맥락이나 상황과 무관하게 이루어진다.

둘째, 추상적인 학문적 지식과 구체적 지식을 연결하는 모델링 관점이다. 이 주장에 따르면, 명시적 지식은 모델링을 통해서 어떤 상황으로든 완벽하게 이동되고 적용될 수 있다. 적용 상황에 관한 지식은 개념 발달과 문제해결을 위한 기초로서 수학 학습 상황에서 획득된다. 따라서 학문적 상황과 적용 상황은 양방향으로 이동이 가능하다. 이 관점에 따르면, 새로운 개인적 지식으로 구체적 상황 즉, 적용 상황에 몰입할 수는 있지만, 앎의 주체인 개인과 지식은 분리되어 있다.

셋째, 지식은 명시적 형태와 암묵적 형태로 존재할 수 있으나, 명시적이고 추상적인 지식만 전이 가능하다. 이 관점에 따르면, 암묵적 지식은 특정한 과제 해결 능력에 구속되어 있다. 전이 가능한 지식이 되기 위해서는 우선 특정한 과제나 맥락으로부터 벗어나 명시적이고 추상적인 지식으로 변환되어야 한다. 일단 지식이 이렇게 변환되면, 처음에 언급한 대로 그 지식은 전이 가능하고 이동 가능하다. 이렇게 구속되지 않은 추상적 지식은 새로운 과제 상황으로 적용되고 결국 전이가 일어난다. 이 관점에는 앎의 주체와 지식은 서로 분리되어 있다는 가정이 깔려 있지만, 암묵적 지식은 특정한 문제나 상황에서 겪었던 경험의 결과로 발달한다는 견해도 포함되어 있다. 이 관점에서는 전이의 어려움을 인정하지만, 전이를 인지론자들의 관점에서 개념화하려고 한다. 즉, 전이의 문제는 인지적 능력, 표상 양식 등과 같은 변인들에 따라 변하는 서로 다른 과제 상황에 관한 것이다. 학습의 전이는 한 가지 과제 상황에서 학습한 지식과 기능을 다른 과제 상황으로 적용하는 것에 관한 것이다. 따라서 이 관점은 지식과 학습에 관한 인지론자들의 관점과 일맥상통한다.

네 번째는 문제해결 관점으로서, 인간의 고등 문제해결 기능은 전이 가능하다고 본다. 이 관점에서는 명시적 지식과 암묵적 지식 모두 존재한다고 인정하지만, 문제해결에 관한 암묵적 지식을 강조하고 있다. 이 관점에 따르면, 개인의 문제해결전략과 같은 암묵적 지식들은 명시적 지식이 될 수 없다. 그 대신에 이 지식은 개인과 함께 이동하며, 개인이 새로운 상황에 몰입하고 그러한 경험이 누적됨으로써 새로운 상황에 적용된다. 새로운 상황에 지식을 적용하면서 개인은 새로운 학습 경험을 할 뿐만 아니라 기존의 지식을 새로운 과제 상황과 관련짓기도 한다. 이러한 경험을 통하여 추가적인 정보와 지식을 얻게 되고, 결국 개인의 능력이 확장된다. 그 과정을 예상해보면, 적용 상황의 문화적 자원들은 학습 상황으로 유입되어 학습자가 적용 상황에서 문제를 해결하는 능력으로 발전한다. 이 관점에서는 전이의 문제를 개인의 인지적 능력과 관련시켜서 생각한다. 지식이 적용되는 상황들이 서로 차이가 나는 이유는 사회적 맥락 때문이 아니라, 과제와 관련된 학습자의 지식과 능력, 정의적 요소인 목표 지향성에 기인한다. 이 관점은 수학에 대한 문제해결적 관점과 일맥상통하며 학습에 대한 구성주의적 관점과도 관련이 있다.

다섯 번째 관점에서는 지식이 사회적 맥락 속에서 형성되고 발전된다고 본다. 결과적으로 일부 지식이나 기능은 그것이 발생한 맥락과 분리될 수 없으며, 상황에서 제공하는 맥락이나 단서로부터 생성된다. 또한 지식은 재맥락화되어 발전한다. 즉, 지식을 갖춘 개인이 새로운 상황으로 이동하여 활동할 수 있다면, 또 다른 사회적 맥락 속에서 새롭게 상황화되어 새로운 지식으로 발전한다. 이 관점에서 보면, 지식의 주체로서의 자아와 지식은 서로 밀접하게 연결되어 있으며, 자아는 사회적 맥락 속에서 형성된 지식과 기능에 의존하여 존재한다. 또한 사회적 맥락은 개인의 역할, 위치, 상호간의 관계, 기대감, 도구, 자원, 특징적인 활동 및 과제를 적절하게 제공함으로써 개인의 능력과 기능을 활성화한다. 그러나 이러한 복잡한 결합 역시 사회적으로 상황화되어 작용하기 때문에, 각각의 요소들을 따로 선택하여 다른 상황이나 맥락에서 재결합하는 것은 적절하지 않다. 즉, 사회적 맥락은 분리될 수 없는 전체이다.

이 관점에서는 지식 및 학습의 전이에 대해서 상황인지론적 관점을 갖는다. 전이의 문제는 한 문제 상황에서 학습된 기능을 단순히 다른 문제 상황에 적용하는 것으로 개념화되지 않는다. 이 관점에서 전이의 문제는 사회적 관점에서 개념화된다. 즉, 하나의 사회적 맥락에서 사용하기 위하여 개발된 지식, 기능, 지적 도구들은 어떻게 다른 사회적 맥락으로 확장되고 재개발되고, 재적용될 수 있는가? 이러한 관점은 상황인지론, 포스트구조주의, 사회적 구성주의의 관점과 유사하다.

여섯 번째 관점에서는 지식은 완벽하게 상황화되어 있으며 상황적 맥락과 전혀 분리될 수 없다는 좀 더 극단적인 관점이다. 이 관점에 따르면, 개별 주체가 상황화된 지식을 완벽하게 익히기 위해서는 사회적 활동의 맥락 속에서 도제처럼 활동해야 한다. 그렇기 때문에 전이는 쉽게 이루어지지 않는다. 개개의 자아는 서로 다른 맥락이나 상황에서 발전되며 그 상황에서만 작동할 수 있기 때문에 전이는 거의 일어나지 않거나 그리 중요하지 않다.

이 관점은 상황인지론이나 포스트모더니즘을 공격하기 위하여 내세운 것일 수도 있지만, 순수한 관점에서 보면 많은 지지자들이 있다. 사실상 모든 학자들은 다른 상황으로 전이될 수 있는 핵심적인 지적 요소들이 존재한다는 점을 인정한다. 그렇지 않다면 개인이 참여했던 맥락이나 상황에 대한 지식을 갖지 못할 것이며, 개인의 언어적 지식과 다른 맥락적 요소들에 접근할 수 없을 것이라는 문제가 발생하게 된다.

위에서 살펴본 여섯 가지 이론적 관점을 〈표 10.2〉에 요약하여 제시하였다. 전이의 가능성을 어떻게 보고 있는지, 학습과 지식이 어떤 의미를 갖는지에 대해서 각각의 관점을 비교하였다. 첫 번째와 마지막 관점은 크게 의미가 없을 것이다. 왜냐하면 첫 번째 관점은 지식이 상황이나 맥락과 관련이 없다고 보고 있고, 마지막 관점은 지식이 상황이나 맥락과 분리되는 것이 불가능하다고 보기 때문이다. 그래서 이 두 가지 극단적인 관점을 배제하고 나머지 관점들을 자세하게 살펴보려고 한다. 전이에 관한 나머지 네 가지 관점은 응용주의자, 인지론자, 문제해결주의자나 구성주의자, 상황인지론자나 사회적 이론가들의 관점이다.

〈표 10.2〉 지식의 전이 가능성에 관한 6가지 관점

관점	지식관	전이관	자아관
1. 지식은 보편타당하게 적용된다.	지식은 추상적이며 상황이나 맥락과 연결되어 있지 않다.	엄밀하게 말하면 전이는 없다. 일반적 지식은 구체적 상황으로 완전하게 적용될 수 있는 특별한 요소를 갖고 있다.	자아는 지식과 맥락으로부터 완전히 별개로 존재한다.
2. 모델링을 통하여 추상과 구체를 연결한다.	추상적인 학문적 지식과 적용되는 구체적 지식은 모델링을 통하여 양방향으로 연결된다.	지식은 모델링을 통하여 새로운 상황으로 완벽하게 전이될 수 있다.	새로운 지식이 구체적 상황으로부터 생성되더라도 자아는 지식과 분리되어 있다.
3. 명시적 지식은 전이 가능하다.	지식은 명시적 형태 또는 암묵적 형태로 존재한다.	명시적 지식은 전이 가능하다. 암묵적 지식이 전이되려면 명시적이고 추상화되어야 한다.	자아와 지식은 분리되어 있지만, 암묵적 지식은 상황적 경험을 통하여 발전한다.
4. 개인적 문제해결기능은 전이 가능하다.	개인은 문제해결전략에 관한 지식을 포함하여 추상적인 명시적 지식과 암묵적 지식 모두를 갖는다.	모든 암묵적 지식이 명시적 지식이 될 수 없지만, 적용상황에 몰입하는 경험을 통하여 개인 내에서의 전이가 가능하다.	경험을 통하여 개발된 개인적 지식은 또 다른 개인적 자원이 될 수 있지만 자아에 영향을 주지는 않는다.

관점	지식관	전이관	자아관
5. 지식은 부분적으로 상황화되어 있다.	일부 지식은 맥락이나 상황과 분리될 수 없다.	명시적 지식 중 일부 요소들은 재맥락화되며 새롭게 상화화되어 새로운 지식으로 발전한다.	자아는 다양한 측면을 갖고 있지만, 사회적 맥락 속에서 형성된 지식과 기능에 의존하여 존재한다.
6. 지식은 완벽하게 상황화되어 있다.	모든 지식은 맥락이나 상황과 분리될 수 없다.	개인이 상황화된 지식을 획득하기 위해서는 새로운 상황에서 도제로 활동해야 한다.	각각의 자아는 서로 다른 맥락 속에서 개발된다.

전이에 대한 네 가지 관점은 다음과 같다.

1. 일반적 지식을 구체적 상황에 적용: 모델링을 통한 전이
2. 하나의 과제에서 다른 과제로 전이: 명시적 지식을 통한 전이
3. 하나의 문제 상황으로부터 다른 문제 상황으로의 전이: 전이 가능한 개인적 기능의 전이
4. 하나의 사회적 맥락으로부터 다른 맥락으로의 전이: 새로운 능력이나 자아의 형성을 통한 전이

이와 같이 다양한 의미를 갖고 있는 전이의 개념을 분석할 필요가 있듯이, 사회적 맥락이나 상황의 개념을 명료화할 필요가 있다. 특히 앞에서 언급하였듯이 각각의 상황의 특성을 분석하여 분류하고, 서로 다른 상황의 동등성을 판단하는 기준이 중요하다. 두 개의 상황이 서로 같거나 아니면 다르다고 판단하기 전까지는 두 상황 사이에 전이가 이루어졌는지 아니면 단순히 같거나 유사한 기능을 연습한 것인지를 정확하게 판단할 수 없다. 그러나 전이 개념을 어떻게 해석할 것인지에 따라 상황이나 맥락의 동일성의 기준은 다르기 때문에, 그 기준을 유일무이하게 명시할 수는 없을 것이다.

전이에 관한 지금까지의 논의는 일반적인 관점에서 논의되었을 뿐 수학과 관련해서는 거의 논의되지 않았다. 지금부터는 수학교육에 초점을 맞추어 전이에 대하여 살펴보려고 한다.

적용주의자의 관점

적용주의자의 관점에 따르면, 지식과 기능은 모델링을 통하여 적용 상황으로 연결될 수 있다. 즉, 전이의 문제는 극복될 수 있다는 것이 이들의 주장이다. '실세계' 상황과 학문적(또는 학교) 상황은 양방향으로 서로 관련된다. 이들 사이를 연결해주는 모델링이라는 교량이 있기 때문이다. 첫째, 적용 상황에 대한 표상은 추상화와 일반화를 통해서 학문적(또는 학교) 상황에서 경험했던 개념이나 방법을 발생시키는 기초가 된다. 즉, 적용 상황으로부터 학교 상황으로의 흐름이 존재한다. 둘째, 반대 방향으로의 흐름도 존재한다. 즉, 학교 상황에서 획득한 추상적인 수학적 지식, 개념, 기능과 방법이 적용 상황에서 사용되거나 정당화된다. 궁극적으로 수학적 지식이 있는 사람이 적용 상황에 빠져들었을 때, 학문적 상황과 적용 상황 사이의 차이는 문제가 되지 않는다. 그 이유는 어느 방향이든 간에 수학적 모델링이 형성될 수 있기 때문이다. 전이와 상황 간의 상호 관계에 대한 적용주의자의 관점은 [그림 10.1]에 나타내었다.

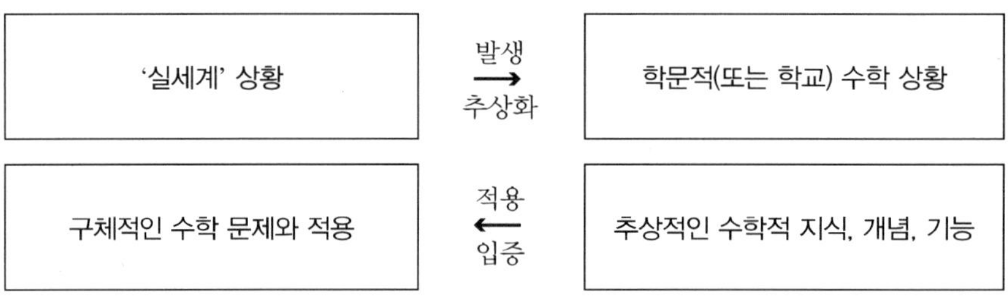

[그림 10.1] 전이와 상황들 간의 상호 관계에 대한 적용주의자의 관점

즉, 적용주의자의 관점에서는 전이를 상황들 사이의 관계로 개념화하였으며, 상황들을 서로 잘 엮어주면 전이의 문제는 해결될 수 있다고 본다.

인지주의자의 관점

인지주의자의 관점에 따르면, 학교 수학 상황에서 배운 명시적인 수학 지식은 '실세계' 상황으로 적용될 수 있다. 기호 체계, 계산 알고리즘과 같이 명시적으로 학교에서 학습한 수학은 가정, 직장, 다른 외적 상황에서 발생하는 수학이 요구되는 과제에 적용되고 응용된다. 이것이 가능하기 위해서는 이러한 외적 상황에서 발생하는 수학적 과제를 찾아내고 거기에 수학을 적용할 수 있어야 한다. 또한 '실세계' 상황의 특징적인 요소들을 적절히 도입할 수 있어야 한다. 전이와 상황들 간의 상호 관계에 대한 인지주의자들의 관점은 [그림 10.2]에 나타내었다.

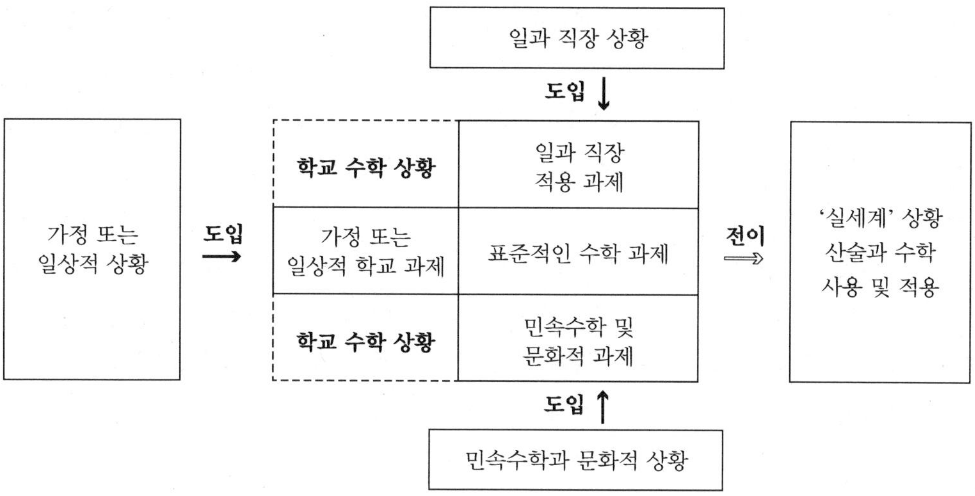

[그림 10.2] 전이와 상황 간의 상호 관계에 대한 인지주의자의 관점

[그림 10.2]는 학교 상황의 수학적 지식이 '실세계' 상황으로 전이되는 과정을 나타낸 것이다. 이것은 진보주의적 수학교육의 모델이라고 볼 수도 있다. 그림에서 두 가지 상황은 학문적인 학교 수학 상황과 산술과 수학이 적용되는 '실세계' 상황이다. 이 모델에서는 '지식'이라는 것이 독립적으로 존재하고 그것이 실세계 상황으로 전이된다는 것을 가정하고 있다. 또한 이 모델에는 세 가지의 외적 상황이 존재하는데 이것들은 학교 수학 상황으로 유입되어 과제 표현의 원천으로 사용된다. 즉, 소득세 공제와 같은 일과 직장 상황, 취미, 쇼핑, 음식 요리법, 할인 요금 계산과 같은 가정이나 일상적 상황, 인도의 전통 문양인 랑골리 패턴이나 이슬람 문양과 같은 민속수학이나 문화적 상황이 그것이다. 이 세 가지 실제적 상황은 학교에서 다루는 과제에 실제성을 부여하는 것으로서 과제 표현이 이루어지는 학교 상황과는 구분된다. 인지주의적 관점에서 보면, 맥락이 포함되어 있는 원래의 과제와 유사하게 하기 위하여 학교 수학 과제에 구체적이고 실제적인 표현을 추가하는 것은 매우 훌륭한 접근 방

법이다. 예를 들어, 학교 수학에서 급여 명세서, 가격과 할인율이 표시된 세일 전단지, 알람브라 궁전에 있는 이슬람 문양을 살펴보고 과제를 해결한다.

[그림 10.2]를 보면, 표현이나 요소들이 가정이나 일상적 상황으로부터 도입되며, 이어서 수학 수업에서 가정이나 일상적 과제로 변형되고 재맥락화된다. 또한 학교 밖의 경험이나 지식을 도입함으로써 교실의 수학 수업을 유의미하게 만들기 때문에, 수학학습을 위한 개념적 기초를 제공한다는 점에서 중요한 의미가 있다. 학교 밖의 활동들은 목표 지향적이기 때문에, 이러한 과제들은 동기유발에 도움이 될 것이다. 일이나 직장과 관련된 과제의 경우도 마찬가지이다. 그것들은 학생들이 나중에 직장생활을 할 때 유용하게 적용할 수 있을 것이다. 이러한 과제들은 또한 성인들의 직장에서도 적용될 수 있도록 전이가 가능하도록 의도된 것이다. 세 번째는 민속수학 및 문화적 상황으로부터 요소들이 도입되는 경우이다. 특히 비유럽 국가에서 사용되고 있는 비형식적인 수학적 추론과 패턴은 학문적인 학교 수학에 실제성 및 진정성을 부여할 수 있다. 또한 비유럽 문화에 대한 인식과 이해를 고취시킴으로써 사회-정치적 시사점을 갖게 할 수도 있다(Powell & Frankenstein, 1997).

이 세 가지 유형의 도입은 학교에서 학습하는 수학적 과제에서 보면 불필요한 요소들이 포함되어 있다. 그러나 학교 수학 과제가 학교 밖의 외적 상황이나 맥락에서 처리했던 것처럼 학교에서도 시도된다면, 이러한 불필요한 요소들은 학교 수학 과제를 '진정한' 과제로 만드는 데 기여한다. 여러 번 강조했듯이 이러한 '맥락화(contextualizaton)'는 학교 상황과 진정한 상황 과제 사이의 틈을 메꾸어주는 역할을 한다. 또한 수학적 기호체계와 절차를 적용하기에 앞서 관련된 기능을 실제적 상황에서 연습하는 기회를 제공할 수 있다. 마지막으로 [그림 10.2]의 가운데 부분에는 앞서 제시된 학교 수학 상황과 표준적인 수학 과제가 연결되어 있다. 이것들은 수학적 상황 이외의 것들이 전혀 연결되어 있지 않고 있으며, 오직 정형화된 수학적 과제에 수학적 절차를 기호적으로 곧바로 적용하는 것으로 구성되어 있다.

문제해결주의자의 관점

문제해결 관점에서는 전이가 일어나기 위한 가장 중요한 지식을 암묵적 지식 즉, 문제해결전략과 발견술로 본다. 이 지식은 주로 학교에서 비정형 문제들을 해결했던 경험을 통하여 그리고 교사의 시범이나 다른 사람의 특별한 문제해결방법을 살펴봄으로써 획득된다. 이 지식이 획득되는 또 다른 방식은 수학적 발견술을 직접 가르치는 것이다. 문제해결과 관련된 지식이 복잡한 이유 중 하나는, 이 지식이 유한개의 사례로부터 획득되어서 무한개의 사례로 전이될 수 있다고 보기 때문이다. 분명히 학생들은 유한개의 사례를 경험할 수밖에 없고, 그 유한개의 사례로부터 일반적으로 적용될 수 있는 발견술을 도출해낸다. 이 일반적인 발견술이 바로 전이의 기반을 제공한다. 이 과정이 성공적으로 이루어지기 위해서는 먼저 몇 가지 사례들로부터 전이 가능한 초월적 기능을 학습하고 그것을 일반화할 수 있어야 한다.

문제해결 관점의 핵심적인 특징은 가장 중요한 전이 가능한 기능은 개인적으로 획득된 발견술과 고등 수준의 기능이라는 것이다. 전이와 상황들 간의 상호 관계에 대한 문제해결자의 관점은 [그림 10.3]에 제시하였다.

[그림 10.3] 전이와 상황들 간의 상호 관계에 대한 문제해결자의 관점

이 관점에서 기능의 전이와 관련하여 가장 중요한 이슈는 '전이 가능한 개인적 기능'에 관한 것이다. 현대의 고등 교육에서는 이 분야를 특히 강조하고 있으며, 교육과정 개발자들에게도 교과 단위별로 전이 가능한 개인별 기능을 상세화하도록 요구하고 있다. 예를 들어, 영국의 엑서터 대학교에서는 전이 가능한 개인별 기능을 6개의 범주(자기관리, 학습기능, 의사소통, 팀워크, 문제해결, 자료처리 기능)로 상세화하였다. 어떤 이론적 근거를 가지고 이러한 기능들을 상세화하였는지는 분명하지 않다. 인지주의자들은 이러한 기능들을 분류하여 상세화하고 명료화할 수 있다면, 그것들은 새로운 '실세계' 상황으로 전이될 수 있다고 본다. 그러나 이러한 기능들은 문제해결 발견술과 마찬가지로 전략적인 것이기 때문에, 그러한 고차원의 기능들은 본질적으로 완벽하게 명료화할 수 없다. 어떤 전략이 완전하게 명료화되어 알고리즘 형태로 바뀐다면 발견술의 특성을 잃어버리게 된다. 따라서 이 관점에서는 문제해결 전략과 같은 기능이 개인적으로 획득되고 개발되기 때문에 그 기능을 획득한 개인

내에서 전이가 일어난다고 본다.

상황인지론자의 관점

상황인지론에서는 수학적 지식은 상황화되어 있으며 그 지식이 생성되고 개발된 맥락과 분리될 수 없다는 관점을 취한다. 상황인지론은 합법적인 주변적 참여(legitimate peripheral participation) 또는 사회인류학적 관점과도 관련이 있다(Lave & Wenger, 1991). [그림 10.4]에 제시한 바와 같이, 전이와 상황들 간의 상호 관계에 대한 인지주의자의 관점에는 서로 분리된 여러 개의 상황들이 존재한다. 즉, 학교수학 상황, 가정 또는 일상적 상황, 일과 직장 상황, 학문적인 수학 상황이 그것이다. 이 각각의 상황은 목표, 역할, 기능, 실행의 측면에서 서로 다르다. 전이에 대한 상황인지론적 관점은 [그림 10.4]에 제시하였다.

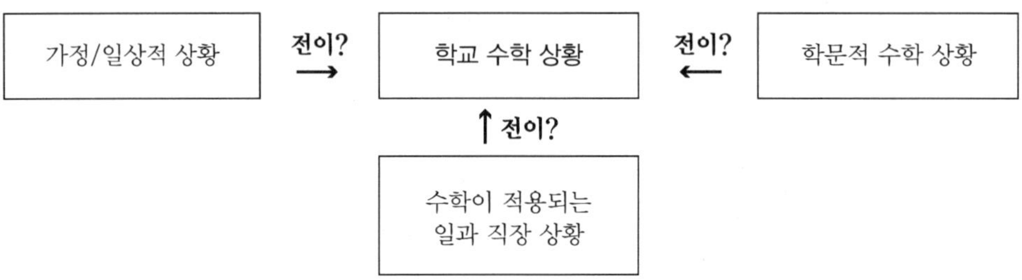

[그림 10.4] 전이와 상황들 간의 상호 관계에 대한 상황인지론적 관점

[그림 10.4]는 지식과 기능이 한 상황에서 다른 상황으로 어떻게 전이되는지를 보여주고 있다. 이 네 가지 상황이 모두 서로 분리되어 있다면, 각 상황별 사회적 실행은 어떻게 연결되겠는가? 이 질문은 전이와 관련하여 지금까지 논의한 네 가지 관점 모두에 해당하겠지만, 특히 상황인지론적 관점과 밀접하게 관련되어 있다. 레이브와 벵거(Lave & Wenger, 1991)는 사회적 실행에 언어, 개인적 경험, 학습 능력, 사회적 실행에 참여할 의지 등을 포함시켰다. 이 모든 것들은 학습을 위한 기반을 제공하지만 전이 가능한 지식이나 기능이라고 할 만한 것이라고 보기는 어렵다.

참고문헌

Ashlock, R. B. (1976) *Error patterns in Computation*, Columbus Ohio: Merrill.

Askew, M. and Wiliam, D. (1995) *Recent research in mathematics education* 5-16. London: Ofsted.

Assessment of Performance Unit (1979-1981) *Mathematical Development: Primary and Secondary Survey Reports*, London, HMSO.

Assessment of Performance Unit (1985) *A Review of Monitoring in Mathematics 1978 to 1982*, London: DES, HMSO.

Assessment of Performance Unit (1991) *APU/ Mathematics Monitoring (Phase 2)*, Slough: National Foundation for Educational Research (authors of report: D. foxman, G. Ruddock, I. McCallum, I. Schagen).

Attisha, M. and Yazdani, M. (1984) An Expert System For Diagnosing Children's Multiplication Errors, *Instructional Science* 13(1): 79-92.

Ausubel, D. P. (1968) *Educational Psychology, a cognitive view*, New York: Holt, Rinehart and Winston.

Bacon, F. (1960) *The New Organon*, Indianapolis: Bobb-Merrill.

Barclay, T. (1980) 'Buggy' *Mathematics Teaching*, 92, 10-12 (Sept. 1980).

Bateson, G. (1972) *Steps to an ecology of mind.* New York: Ballantine Books.

Bauersfeld, H. (1980) 'Hidden Dimensions in the So-Called Reality of a Mathematics Classroom', *Educational Studies in Mathematics* 11, 23-41.

Bauersfeld, H. (1995) 'The Structuring of the Structures', in Steffe and Gale (1995) 137-158.

Bell, A. W. (1989) Teaching for the test, *Times Educational Supplement* (27. 10. 89)

Bell, A. W., Kuchemann, D. and Costello, J. (1983) *A Review of Research in Mathematical Education: Part A, Teching and Learning*, NFER-Nelson, Windsor.

Berger, P. L. and Luckmann, T. (1966) *The Social Construction of RealityL A Treatise in the Sociology of Knowledge,* London: Penguin Books.

Bergeron, J. C., Herscovics, N. and Moser, J. M. (1986). Long Term Evolution of Studerts Conceptions: An Example from Addition and Subtraction. In Carss, M., Ed., (1986) *Proceedings of the Fifth International Conference on Mathematical Education*, Boston: Birkhauser: 275-277

Biehler, R., Scholz, R. W., Straesser, R. and Winkelmann, B. Eds. (1994) *The Didactics of Mathematics as a Scientific Discipline*, Dordrecht: Kluwer.

Bishop, A. J. (1985) The Social Construction of Meaning: A Significant Development for Mathematics Educations? *For the Learning of Mathematics*, Vol. 5, No. 1, 24-28.

Bishop, A., Ed. (1996) *International Handbook of Mathematics Education*, Dordrecht: Kluwer.

Bloom, B. S Ed. (1956) *Taxonomy of Educational Objectives 1, Cognitive Domain*, New York: David McKay.

Booth, L. (1982) 'Getting the answer wrong' *Mathematics in school* 11(2) 4-6 (March 1982).

Booth L. (1985) *Algebra: Children;s Strategies and Errors*, Windsor: NFER- Nelson.

Bright, G. W. (1984) Computer Diagnosis of Errors, *School Science and Mathematics*, 84(3): 208-219

Brown J. W., Collins, A. and Duguid, P. (1989) Situated Cgnition and The Culture of Learning, *Educational Researcher*, 18(1): 32-42

Brown, G. and Desforges, C. (1979) *Piaget's Theory: A Psychological Critique*, London: Routledge and Kegan Paul.

Brown, J. and Van Lehn, K. (1982) Towards a Generative Theory of 'Bugs', in Carpenter, T. P. et al., Eds., (1982) *Addition and Subtraction: A Cognitive Perspective*, Mahwah, New Jersey: Lawrence Erlbaum Associates.

Brown, J. S. and Burton, R. R. (1978) Diagnostic Models for Procedural Bugs in Basic Mathematical Skills, *Cognitive Science*, 2, 155-192.

Brown, M. and Kucbemann, D. E. (1976, 1977, 1981) Is it An Add Miss? Parts 1, 2 and 3, *Mathematics In School* 5(5) 15-17 (1976), 8(1) 9-10 (1977), 10(1) 13-15 (1981).

Brownell, W. A. (1942) Problem Solving, *The Psychology of Learning* (41st NSSE Yearbook, Part II), Chicago: National Society for the Study of Education.

Bruner, J. (1960) *The process of Education*, Cambridge, Massachusetts: Harvard Uniersity Press.

Bruner, J. (1964) *Towards a Theory of Instruction*, Cambridge, Massachusetts: Harvard University Press.

Bruner, J. S. (1974) *Beyond the Information Given: Collected Papers*. London: George Allen and Unwin.

Burton, L. (1984) *Thinking Thins Through*, Oxford: Blackwell.

Carpenter, T. P., Moser, J.M. and Roberg, T. (1982) *Addition and Subtraction: A Cognitive Perspective*, Hillsdale, New Jersy: Lawrence Erlbaum.

Carraher, T. (1988) Street Mathematics and school Mathematics, in Borbas, A Ed. (1988) *PME – 12 Conference Proceedings*, Veszprem, Hungary, Vol. 1, 1-23.

Chaiklin, S. and Lave, J. (1993) *Understanding Practice: Perspectives on Activity and Context*. Cambridge: Cambridge University Press.

Champagne, A. D. (1992) Cognitive Research on Thinking in Academic Science and Mathematics: Implications for Practice and Police, in Halpern (1992), 117-133.

Charles, R. I. (1985) The role of problem solving, *Arithmetic Teacher*, February 1985: 48-50.

Charles, R. I. and Lester, F. (1982) *Teaching Problem Solving*, New York: Wiley.

Cockcroft, W. H. Chair (1982) *Mathematics Counts*, London: Her Majesty's Stationery Office.

Cockcroft, W. H. Chair (1982) *Mathematics Counts*, London: HMSO.

Davis, P. J. and Hersh, R. (1980) *The Mathematical Experience*, London: Penguin.

Davis, R. B., Maher, C.A. and Noddings, N., Eds (1990) *Constructivist Views on te Teaching and Learning of Mathematics* (JRME Monograph 4), Reston, Virginia: National Council of Teachers of Mathematics

Denvir, B. and Brown, N (1986a, b) 'Understanding of number Concepts in Low Attaining 7-9 Year Olds: Parts O and II' *Educational Studies in Mathematics*, volime 17, 15-36 and 143-164.

Dept of Education and Science (1988) *Mathematics for age 5 to 16*, London: DES/ HMSO.

Descartes, R. (1931) *Philosophical Works*, Volume 1, Cambridge: Cambridge University Press(reprinted by Dover Press, New York, 1955).

Desforges, C. W. and Cockburn, A. (1987) Understanding the *Mathematics Teacher*, Basingstoke: Falmer Press.

Dessart, D. J. and Suydam, M. N. (1983) *Classroom Ideas From Research On Secondary School Mathematics*: Algebra and Geometry, Reston, Virginia National Council of Teachers of Matematics.

Dickson, L., Brown, M. and Gibson, D. (1984) *Children Learning Mathematics: A Teachers Guide To Resent Research*, Eastbourne: Holt Education.

Dienes, Z. P. (1960) *Building up Mathematics*, London: Hutchinson.

Dienes, Z. P. (1960) *Building Up Mathematics*, London: Hutchinson.

Dienes, Z. P. (1960a) *Number: Multibase Arithmetic Blocks and powers Extension For MAB*(Mathematics Apparatus and Text), London: Educational Supply Association.

Dienes, Z. P. (1961) *Algebra: AEM* (Mathematics Apparatus and Text), London: Educational Supply Association.

Dienes, Z. P. (1964) *The Power of Mathematics*, London: Hutchinson.

Dienes, Z. P. (1966) *Mathematics in the Primary School*, London: Macmillan.

Dienes, Z. P. (1970) *The Six Stages in the Process of Learning Mathematics*, Windsor: NFER.

Dienes, Z. P. (1970) *The Six Stages in the Process of learning Mathematics*, Windsor: National Foundation for Educational Research.

Donaldson, M. (1978) *Children's Minds*, Glasgow: Fontana/Collins.

Driver, R. and Oldham, V. (1986) A Constructivist Approach to Curriculum Development, *Studies in Science Education* 13L 105-122.

Erlwanger, S. H. (1973) 'Benny's conception of Rules and Answers in IPI Mathematics', *Journal of Children;s Mathematical Behaviour* 1(2), 8-25, 1973.

Ernest, P. (1983a) Mental Images, *Mathematics Teaching*, No. 103, 2-3.

Ernest, P. (1983b) Thinking of a Funny Line, *Mathematical Education for Teaching*, 4 (2) 30-40.

Ernest, P. (1984) Investigations, *Teaching Mathematics and its Applications*, 3(2) 47-55.

Ernest, P. (1986) Mental Number Line Images;, *Teaching Mathematics and its Applications* 5 (1) 1-5.

Ernest, P. (1988a) The mental number lines of a sample of adults', *International Journal of Mathematical Education in Science and Technology* 15 (3) 389-395

Ernest, P. (1988b) What's the use of Logo?, *Mathematics in School*, 17 (1) 16-20.

Ernest, P. (1991a) *The Philosophy of Mathematics Education*, London: The Falmer Press.

Ernest, P. (1991b) Constructivism, The Psychology of Learning, and the Nature of Mathematics: Some Critical Issues, in Proceedings of PME-15 (Italy), 2, 25-32. Reprinted in *Science and Education*, 2 (2), 1993, 87-93.

Ernest, P. (1994a) 'The Dialogical Nature of Mathematics', in Ernest, P. Ed. (1994) Mathematics, *Education and Philosophy: An international Prospective*, London, The Falmer Press, 33-48.

Ernest, P. (1994b) 'What is Social Constructivism in te Psychology of mathematics Education?', Ernest, P. Ed. (1994) *Constructing Mathematical Knowledge: Epistemology and Mathematics Education*, London: The Falmer Press.

Ernest, P. (1996) *A Bibliography of Mathematics Education*, Exeter: University of Exeter School of Education, Available on WWW at http://www.ex.ac.uk/~PErnest/

Ernest, P. (1998) *Social Constructivism as a Philosophy of Mathematics*, Albany, NY: SUNY Press.

Ernest, P. (Forthcoming a) *Mathematics and Special Educational Needs*, Saarbrucken, Germany: Lambert Academic Publishing.

Ernest, P. (Forthcoming b) *The Mathematics Curriculum and Assessment*, Saarbrucken, Germany: Lambert Academic Publishing.

Ernest, P. (Forthcoming c) *Gender, Equal Opportunities and the Nature of Mathematics*, Saarbrucken, Germany: Lambert Academic Publishing.

Ernest, P. (Forthcoming d) *Reserach Methodology in Mathematics Education*, Saarbrucken, Germany: Lambert Academic Publishing.

Ernest, P. Ed. (1989) *Mathematics Teaching*: The State of the Art, London: Falmer Press.

Ernest, P. Ed. (1989) *Recent Developments in Primary Mathematics: A Course Reader*, University of Exeter

Evans, J. (1998) Boundary Crossing and Transfer in Watson, A. Ed., *Situated Cognition and the Learning of Mathematics*, 1998, Oxford: Oxford University Department of educational Studies and York: QED Books (ISBN 1-85853-083-0).

Fernandez, M. L., Hadaway, N. and Wilson, J. W. (1993) Problem Solving: Managing It All, *Mathematics Teacher* 87(3) 195-199.

Fey, J. Y. (1996) Eclectic approaches to elementarization: Cases of curriculum construction in the United States, in Biehler, R. Scholz, R. W., Straesser, R. and Winkelmann, Eds, (1994) *The Didactics of Mathematics as a Scientific Discipline*, Dordrecht: Kluwer, 15-26.

Fischbein, E. (1994) The interaction between the formal, the algorithmic, and the intuitive components in a mathematical activity, in Biehler *et al.* (1994) 231-245.

Flavell, J. H. (1976) metacognitive aspects of problem solving, in Resnick, K. B. Ed. (1976) the Nature of intelligence, Hillsdale, New Jersey: Lawrence Erlbaum, 197-218.

Freire, P. (1972) *Pedagogy of the Oppressed*, London: Penguin Books.

Freudenthal, H. (1978) *Weeding and Sowing*, Dordrecht: Reidel.

Gagne, R. M. (1985) *The Conditions of Learning* (4th edition), New York: Holt, Rinehart and Winston

Galton, F. (1883) *Inquiries into Mental Faculties*, Reprinted in Everyman;s Library, London: Dent and Sons.

Garofalo, J. and Lester, F. K. (1985) Metacognition, cognitive monitoring, and mathematical performance, *Journal for Research in Mathematics Education* 16(3): 163-176.

Ginsburg, H. (1977) *Children's Arithmetic: The Learning Process*, New York : Van Nostrand.

Ginsburg, H. P. Ed. (1983) *The Development of Mathematical Thinking*, New York : Academic Press.

Glasersfeld, E. von. (1983) 'Learning as a Constructive Acticity', in *Proceedings of the 5th PME-NA Conference*, Montreal: PME-NA. 1, 41-69.

Glasersfeld, E. von (1989) Constructivism in Education, in Husen, T. and Postlethwaite, N, Eds. (1989) *International Encyclopaedia of Education* (Supplementary Vol.), Oxford: Pergamon, 162-163.

Glasersfeld, E. von (1995) *Radical Constructivism: A Way of Knowing and Learning*. London, The Falmer Press.

Glasersfeld, E. von Ed. (1991) *Radical Constructivism in Mathematics Education* Dordrecht: Kluwer.

Gondin, G. (1990) Epistemology, Constructivism, and Discovery Learning Mathematics, in Davis, R. B., Maher, C.A and Noddings, N., Eds. (1990) *Constructivist Views on the Teaching and Learning of Mathematics* (JRME Monograph 4), Reston, Virginia: National Council of Teachers of Mathematics, 31-47.

Gondin, G. A. (1987) in Janvier C. Ed. (1987) *Problems of Representation in the teaching and Learning of Mathematics*, Hillsdale N J: Erlbaum.

Gondin, G. A. (1992) On developing a unified model for the psychology of mathematics education and problem solving, in Geeslin, w. and Graham, K. Eds (1992) *Psychology of Mathematics Education Conference 16 Proceeding*s Durham, New Hampshire, Volume 3, 235-261.

Goodchild, S. (1994). Blind Activity? *Proceedings of British Society for Research into Learning Mathematics Day Conference*, 22 Nov. 1993, Manchester.

Goodchild, S. (1997) *Unpublished phD Thesis*, Exeter: University of Exeter School of Education.

Groner, R, Goner, M. and Bischof, W. F. (1983) *Methods of Heuristics*, Hillsdale, New Jersey: Erlbaum.

Grouws, D. A. Ed. (1992) *Handbook of Research on Mathematics Teaching and Learning*, New York: Macmillan.

Habermas, J. (1981) *The Theory of Communicative Action* (Trans. T. McCarthy), 2 volumes, Cambridge: Polity Press.

Halpern, D. F (1992a) A Cognitive Approach to Improving Thinking Skills in the Sciences and Mathematics, in Halpern (1992) 1-14.

Halpern D. F. Ed. (1992) *Enhancing Thinking Skills in the Sciences and Mathematics*, Hillsdale, New Jersey: Lawrence Erlbaum, 117-133.

Harre, R. (1979) *Social Being*, Oxford: Basil Blackwell.

Hart, K. (1978) 'Mistakes in Mathematics' *Mathematics Teaching*, 85, 38-49 (Dec. 1978).

Hart, K. (1985) *Ratio: Children's Strategies and Errors*, Windsor: NFER-Nelson.

Hart, K. (1989) There is Little Connection, in Ernest, P. Ed. (1989) *Mathematics Teaching: The State of the Art*, London: Falmer Press.

Hart, K. Ed. (1980) *Secondary Schoolchildren's Understanding of Mathematics*, London: Chelsea College.

Hart, K. Ed. (1981) *Children's Understanding of Mathematics*: 11-16, London: John Murray.

Hart, K. Ed. (1986) *The Chelsea Diagnostic Mathematics Tests* (Manual and 10 tests), Windsor: NFER-Nelson.

Hartzler, S. (1985) Mathematics DARES in Oklahoma City Piblic School, in Driscoll, M. and Confrey, J. Eds. *Teaching Mathematics*, Chelmsford, Massachusetts: Northeast Regional Exchange, 1985.

Hartzler, S. (1988) Details of and Results of Mathematics DARES Program in Oklahoma City Public School. *Unpublished papers*. Oklahoma City, Oklahoma: Curriculum Services Department, Oklahoma City Public Schools.

Haseman K. (1991) The Use of Concept Maps to Explore PuPil's Learning Processes in Primary School Mathematics, in Furinghetti, F. Ed. *Proceedings of 15th International*

Conference on the Psychology of mathematics Education, Assisi, Italy, 2, 1991 149-156.

Head, J. (1986) Research into 'Alternative Frameworks': promise and problems, *Research in Science and Technological Education*, 4(2): 203-211.

Her Majesty's Inspectorate (1985) *Mathematics from 5 to 16*, London: HMSO.

Hiebert, J. (1986a) Conceptual and Procedural Knowledge in Mathematics: an introductory analysis, in Hiebert (1986): 1-27.

Hiebert, J. Ed. (1986) *Conceptual and procedural knowledge: the case of mathematics*, Hillsdale, New Jersey: Erlbaum.

HMI (1987) *Mathematics from 5 to 16: the Responses to Curriculum Matters 3*, HMSO, London Holt, M. and Dienes, Z. P. (1973) *Lets Play Maths*, London: Penguin.

Hoyles, C. and Noss, R. Eds. (1992) *Learning mathematics and Logo*, Cambridge Massachusetts: Massachusetts Institute of Technology Press.

Hoyles, C. and Sutherland, R (1989) *Logo Mathematics in the Classroom*, Blackwell, Oxford.

Huerta, M. P. (1996) using concept mapping to analyse students; relationships between quadrilaterals, paper presented at *20th International Psychology of Mathematics Education Conference*, University of Pernambuco, Recife, Brazil, July 1996.

Hughes, M. (1986) *Children and Number*, Basil Blackwell, Oxford.

Jensen, R. J. Ed. (1993) *Research ldeas for the Classroom: Early Childood Mathematics* New York Macmillan.

Johnson, D. C. Ed. (1989) *Children's Mathematical Frameworks*, Windsor: NFER- Nelson.

Kent, D. (1978) Some processes through which mathematics is lost, *Educational Research*, 21(1): 27-35.

Kent, D. (1979) More about the processes through which mathematics is lost, *Educational Research*, 22(1): 21-31.

Kerslake, D. L. (1985) *Fractions: Children's Strategies and Errors*, WindsorL NFER- Nelson.

Kieren, T. E and Pirie S. E. B. (1991) Recursion and the Mathematical Experience, in Steffe (1991) 78-101.

Kilpartrick, J. (1992) A History of Research in Mathematics Education, in Grouws (1992) 3-38.

Kither, P. (1984) *The Nature of Mathematical Knowledge*, New York: Oxford U. Press.

Klingele, W. E. and Reed, B. W. (1984) An examination of an incremental approach to mathematics, *Phi Delta Kappan*, 1984 (June): 712-713.

Kuhn, T. S. (1970) *The Structure of Scientific Revolutions*, Chicago: Chicago University Press.

Laing R. A. (1970) *Relative Affects of massed and distributed scheduling of topics on homework assignments of eighth grade mathematics students*, Unpublished PhD dissertation, Kalamazoo, Michigan: Western Michigan University.

Lakatos, I. (1976) *Proofs and Refutations*, Cambridge: Cambridge University Press.

Lakatos, I. (1978) *The Methodology of Scientific Research Programmes* (Philosophical Papers Volume 1), Cambridge: Cambridge University Press.

Lange, J. de (1996) Using and Applying Mathematics in Education, in Bishop, A., Ed., (1996) *International Handbook of Mathematics Education*, Dordrecht: Kluwer, 49-97.

Lankford, F. (1972) *Some computational strategies of seventh grade pupils*, Virginia: University of Virginia, National Centre for Educational Research.

Larcombe, T. (1985) *Mathematical Difficulties in the Secondary School*, Open Universitiy Press, Miltion Keynes.

Lave, J. (1988) *Cognition in Practice*, Cambridge: Cambridge University Press.

Lave, J. and Wenger, E. (1991) *Situated Learning: Legitimate Peripheral Participation*, Cambridge: Cambridge University Press.

LeBlanc, J. F. (1982) A Model for Elementary Teacher Training in Problem Solving, in Lester and Garofalo (1982): 111-115.

Leinhardt, G. (1987) The Development of an Expert Explanation: An Analysis of a Sequence of Subtraction Lessons, *Cognition and Instruction*, 4: 225-282.

Leinhardt, G. and Smith, D. A. (1985) Expertise in Mathematics Instruction: Subject Matter Knowledge, *Journal of Educational Psychology*, 77(3), 247-271.

Lerman, S. (1999) Culturally Situated Knowledge and the Problem of Transfer in the Learning of Mathematics, in Burton, L. Ed. (1999) *Learning Mathematics, from Hierarchies to Networks*, London, The Falmer Press.

Lester, F. K. and Garofalo, J Eds. (1982) *Mathematical Problem Solving*, Philadelphia, Pennsylvania: Franklin Institute Press.

Lester, Jr., F. K., Masingila J. O., Mau, S. T., Lamdin, D. V., Santos, V. M. P. dos and Raymond, A. M. (1994) Learning how to teach via problem solving, in D. Aichele, Ed., (1994) *Professional development for teachers of mathematics* (Yearbook of the National Council of Teachers of Mathematics), Reston, Virginia National Council of Teachers of Mathematics, 152-166.

Lindquist, M. M. (1988) *Selected Issues in Mathematics Education, Berkeley*, California: McCutchan.

Luria, A. R. (1977) *The Mind of a Mnemonist*, London: Penguin Books.

Malone, J. and Dekkers, J. (1984) The concept map as an aid to instruction in science and mathematics, *School Science and Mathematics* 84(3) 220-231.

Malone, J. with Burton, L. and Stacey, K. (1982) *Thinking Mathematically*, London:

Addison Wesley.

Mayer R. E. (1986) Mathematics, in Dillon, R. F. and Sternberg, R. J. Eds. (1986) *Cognition and instruction*, New York: Academic Press, 127-154.

Mellin-Olsen, S. (1981) Instrumentalism as an Educational Concept, *Educational Studies in Mathematics*, Vol. 12 351-367

Miller, G. (1956) 'The magic number seven, plus or minus two: Some limits on our capacity for processing information', *Psychological Review*, 63: 81-97.

National Curriculum Council (1991) *Mathematics in the National Curriculum*, London: DES.

National Curriculum Mathematics Working Group (1987) *Interim Report*, London: DES.

Niss, M. (1996) Goals of Mathematics Teaching, in Bishop, A., Ed. (1996) *International Handbook of Mathematics Education*, Dordrecht: Kluwer, 11-47.

Noss, R. (1983) Doing Mathes while learning Logo, Mathematics Teaching, No. 104 (September 1983).

Noss, R. (1988) The Computer as a Cultural Influence in Mathematical Learning, *Educational Studies in Mathematics* 19(2), 251-268.

Novak, J. D. (1990) Concept mapping: A useful tool for science education, *Journal of Research in Science Teaching*, 27: 937-952.

Novak, J. D. Ed. (1987) *Proceeding of the Second International Seminar on Misconceptions and Educational Strategies and Mathematics*, July 1987 (3 Volumes), Ithaca, New York: Cornell University

Novak, J. D. *et al.* (1983) The use of concept mapping and knowledge Vee with junior high school science students, *Science*, 67(5): 625-645.

Orton, A. (1992) Learning Mathematics (2nd edition), London: Cassell.

Owens, D. T. Ed. (1993) *Research Ideas for the Classroom: Middle Grades Mathematics*, New York: Macmilan.

Papert, S. (1980) *Mindstorms: Children Computers and Powerfil Ideas,* Brighton: Harvester.

Perkins D. N. and Salomon, G. (1989) Are cognitice skills context bound? *Educational Researcher* 18(1): 16-25.

Pfundt, H. and Duit, R. (1988) Bibliography: Students; Alternative Frameworks and Science Education (IPN Reports-in-Brief 34) Kiel, Federal Republic of Germany: Institute for Science Education University of Kiel.

Piaget, J. (1952) *The Child's Conception of Number*, New York: Norton.

Piaget, J. (1953) How Children Form Mathematical Concepts, *Scientific American*, November 1953

Piaget, J. (1969) *The Psychology of The Child*, New York: Basic Books.

Piaget, J. (1971) *The Construction of Reality in the Child* (Translated by M. Cock). New

York: Basic Books.

Piaget, J. (1972) *Psychology and Epistemology: Towards a Theory of Knowledge*, Harmondsworth: Penguin

Pirie, S. (1987) *Mathematical Investigations in Your Calssroom*, Basingstoke: Macmillan.

Plunkett, S. (1979) Decomposition and all that Rot, *Mathematics in School*, 8, 2-7.

Polanyi, M. (1958) *Personal Knowledge*, London: Routledge & Kegan Paul.

Polya, G. (1945) *How to Solve it*, Princeton, New Jersey Princeton University Press.

Polya, G. (1954) *Mathematics and Plausible Reasoning (Volume 1: Induction and Analogy in Mathematics, Volume 2: Patterns of Plausible Inference)*, Princeton, N J.: Princeton University Press.

Polya, G. (1981) *Mathematical Discovery*: On Understanding Learning and Teaching Problem Solving London: Oxford Wiley.

Popper, K. (1959) *The Logic of Scientific Discovery*, Hutchinson, London.

Popper, K. R. (1979) *Objective Knowledge* (Revised Edition), Oxford: Oxford University Press.

Powell, A. B. and Frankenstein, M. (1997) *Ethnomathematics: Challenging Eurocentrism in Mathematics*, Albany, New York: SUNY Press.

Ress, R. and Barr, G (1984) *Diagnosis and Prescription – Some Common Maths Problems*, London: Harper.

Resnick, L. and Ford, W. W. (1981) *The Psychology of Mathematics for Instruction*, London: Erlbaum.

Resnick, L. B. (1983) A Developmental Theory of Number Understanding, in Ginsburg (1983) 110-151.

Resnick L. B. and Ford, W. W. (981) *The Psychology of Mathematics for Instruction*, Erlbaum, London.

Reynolds, J. H. and Galser, R. (1964) 'Efferts of repetition and spaced review upon retention of a complex learning task' *Journal of Educational Psychology*, 55: 297-308.

Riding, R. J. (1997) *School Learning: Mechanisms and Processes*, London: Open Books.

Robitaille, D. F. and Garden, R. A. Eds (1989) *The IEA Study of Mathematics II: Contexts and Outcomes of School Mathematics*, Oxford: Pergamon.

Robitaille, D. F. and Travers, K. J. (1992) International Studies of Achievement in mathematics, in Grouws, D. A. Ed. (1992) *Handbook of Research on Mathematics Teaching and Learning*, New York: Macmillan, 687-709.

Rogoff, B. and Lave, J. Eds. (1984) *Everyday Cognition Its development in a social context*, Cambridge, Massachusetts: Harvard University Press.

Rorty, R. (1979) *Philosophy and the Mirror of Nature*, Princeton, New Jersey: Princeton

University Press.

Ryle, G. (1949) *The Concept of Mind*, London: Hutchinson.

Saxe, G. B. (1991) *Culture and Cognitive Development: Studies in Mathematical Understanding*, Hillsdale, New Jersey: Erlbaum.

Schoenfeld, A. (1985) *Mathematical Problem Solving*, New York: Academic Press.

Schoenfeld, A. (1992) Learning to Think Mathematically, in Grouws (1992) 334-370.

Schoenfeld, A. Ed. (1987) *Cognitive Sciences and Mathematics*, Hillsdale, New Jersey: Erlbaum.

Schunert, J. (1951) 'The association of mathematics achievement with certain factors resident in the teacher, in the pupil, and in the school', *Journal of experimental Education* 19.

Seaborne, P. L. (1975) *An Introduction to the Dienes Mathematics Program*, London: London University Press.

Sharron, H. (1987) *Changing children's minds: Feuerstein's revolution in the teaching of intelligence*, Bristol: Souvenir Press.

Skemp, R. R. (1971) *The Psychology of Learning Mathematics*, Penguin, Harmondsworth.

Skemp, R. R. (1976) 'Relational Understanding and Instrumental Understanding' *Mathematics Teaching*, No. 77, 20-26.

Slesnick, T. (1982) Algorithmic Skill vs. Conceptual Understanding, *Educational Studies in Mathematics* 13: 143-154.

Smith, D. M. (1987) An evaluation of Saxon's algebra text, *Journal of Experimental Education*, 81 (2): 97-102.

Steffe, L. P. and Gale, J. Eds (1995) *Constructivism in Education*, Hillsdale, New Jersey: Lawrence Erlbaum Associates.

Steffe, L. P. Ed. (1991) *Epistemological Foundations of mathematical Experience*, New York: Springer-Verlag.

Steffe, L. P. Nesher, P., Cobb, P., Goldin, G. A, and Greer, B. Eds. (1996) *Theories of Mathematical Learning*, Mahwah, New Jersey: Erlbaum,

Thomas, W. E. and Grouws, D. A. (1984) Inducing cognitive growth in concrete-operational college students, *School Science and Mathematics* 84: 223-243.

Thyne, J. M. (1954) *Patterns of Error*, London: University of London Press.

Underill, R. G., Uprichard A. E. and Heddens, J. W. (1980) *Diagnosing Mathematical Difficulties*, Columbus, Ohio: Merrill.

Van Lehn, K. (1983) On the representation of procedures in repair theory, in Ginsburg (1983), 201-252.

Vygotshy, L. S. (1979) *The Instrumental Method in Pshchology, in Wertsch, J. V. (1979) The Concept of Activity in Soviet Psychology*, Armonk, New York: M. E. Sharpe,

Inc., 134-143.

Vygotshy, L. S. (1978) *Mind in Society; The development of the higher psychological processes*, Cambridge, Massachusetts: Harvard University Press.

Vygotshy, L. S. (1986) *Thought and Language*, Translated by A. Kozulin, Cambridge, Massachusetts: Massachusetts Institute of Technology Press. (First English translation 1962).

Wagner, S. and Kieran, C. Eds. (1989) *Research Issues in the Learning and Teaching of Algebra*, Reston, Virginia: National Council of Teachers of Mathematics and Lawrence Erlbaum Associates.

Walkerdine, V. (1984) Developmental Pshchology and the Child-Centred Pedagogy: The Insertion of Piaget into Early Education, In Henriques, J., Holloway, W., Urwin, C., Venn, C. and Walkerdine, V. (1984) *Changing The Subject*, London: Methuen, 153-202.

Ward, W. (1979) *Mathematics and the 10-year-old*, Evans/Methuen, London.

Wertsch, J. V. (1991) *Voices of the Mind*, London: Harvester Wheatsheaf.

Whetton, C. and Hagues, N. (1985) 'Some Modern Approaches to Testing' *Assesment and Evaluation: Proceeding of the 1985 NFER Memers' Conference*, Windsor: NFER.

Wilson, P. A., Ed. (1993) *Research Ideas for the Classroom: High-School Mathematics*, New York: Macmillan.

Wittgenstein, L. (1953) *Philosophical Investigations* (trans. G. E. M. Anscombe), Oxford: Basil Blackwell.

Wittman E, (1985) Winter's Theory of practice, *Proceedings of 37th* CLEAM Conference, 1985.

Wolff, P. (1963) *Breakthroughs in Mathematics*, New York: New American Library.

Wood, T., Cobb P. and Yackel, E. (1995) 'Reflections on Learning and Teaching Mathematics in Elementary School', in Steffe and Gale (1995) 401-422.

The Psychology of Learning Mathematics:
The cognitive, affective and contextual domains of mathematics education
Copyright ⓒ 2011 by the author and LAP LAMBERT Academic Publishing GmbH & Co. KG and licensors
All Rights Reserved. Saarbrücken 2011
Korean edition published by arrangement with OmniScriptum GmbH & Co. KG
Korean translation copyright ⓒ 2018 by KYUNG MOON SA

이 책의 한국어판 저작권은 OmniScriptum GmbH & Co. KG와의 독점 계약으로 경문사가 소유합니다. 저작권법에 의해 한국 내에서 보호를 받는 저작물이므로 무단전재와 무단복제를 금합니다.

수학학습심리학

수학학습의 인지적·정의적·상황적 관점

지은이 폴 어니스트
옮긴이 박성선
펴낸이 조경희
펴낸곳 경문사
펴낸날 2018년 9월 1일 1판 1쇄
등 록 1979년 11월 9일 제313-1979-23호
주 소 04057, 서울특별시 마포구 와우산로 174
전 화 (02)332-2004 팩스 (02)336-5193
이메일 kyungmoon@kyungmoon.com
facebook facebook.com/kyungmoonsa

값 15,000원

ISBN 979-11-6073-139-2

★ 경문사 홈페이지에 오시면 즐거운 일이 생깁니다.
http://www.kyungmoon.com

한국과학기술출판협회 회원사